U0221191

工程项目技术创新：
多主体交互关系

张瑞雪　王丹　王琦◎著

机械工业出版社
CHINA MACHINE PRESS

工程项目技术创新是建设高性能、可持续工程项目的重要保障和迫切需求。工程项目技术创新参与主体众多、多主体间交互关系错综复杂，实现多主体间的有效协同是确保实现技术创新的关键。本书通过梳理工程项目技术创新、多主体协同创新相关研究成果，结合多主体协同情境，在网络视角下从工程项目技术创新多主体协同关系形成机理、多主体联结关系和多主体互动关系三个方面开展工程项目技术创新多主体交互关系研究，旨在揭示工程项目技术创新多主体协同关系形成的内在机理，提出衡量创新主体角色与功能的量化分析方法，总结多主体互动规律，提出提升多主体协同创新能力的建议。

本书可作为建设管理、工程管理、项目管理等专业教学参考用书，也可供工程管理专业科技工作者、工程项目技术创新管理者和实践者阅读。

图书在版编目（CIP）数据

工程项目技术创新：多主体交互关系/张瑞雪，王丹，王琦著．—北京：机械工业出版社，2020.9

ISBN 978-7-111-66370-6

Ⅰ.①工…　Ⅱ.①张…②王…③王…　Ⅲ.①建筑工程 – 建筑施工 – 技术 – 研究 – 中国　Ⅳ.①TU74

中国版本图书馆 CIP 数据核字（2020）第 161550 号

机械工业出版社（北京市西城区百万庄大街22号　邮政编码100037）
策划编辑：陈　倩　责任编辑：陈　倩　张星明
责任校对：李　杨　责任印制：谢朝喜
封面设计：高鹏博
北京九州迅驰传媒文化有限公司印刷
2020 年 9 月第 1 版·第 1 次印刷
170mm×242mm·14.25 印张·216 千字
标准书号：ISBN 978-7-111-66370-6
定价：59.00 元

电话服务　　　　　　　网络服务
客服电话：010-88361066　机　工　官　网：www.cmpbook.com
　　　　　010-88379833　机　工　官　博：weibo.com/cmp1952
　　　　　010-68326294　金　书　网：www.golden-book.com
封底无防伪标均为盗版　机工教育服务网：www.cmpedu.com

前言
FOREWORD

工程项目对社会、经济与环境影响深远。尤其是大型桥梁、城市地铁、高速公路等重大基础设施工程，规模巨大、技术先进、工艺复杂，迫切需要通过新型建筑生产方式提高建设效率和建筑品质，降低环境污染，节约资源和能源，实现高绩效、可持续的建设目标。不断提升的工程项目规模与复杂度以及日渐多元化的建设目标，对工程项目技术创新提出了新的要求和挑战。

工程项目技术集成性强，涉及多利益相关者不同专业技术的集成应用与创新，"协同"成为工程技术创新的本质特征和基本要求。协同创新的本质是为了实现创新而开展的大跨度整合创新组织模式，是一种多主体协同互动的网络创新模式。针对工程项目技术创新集成性强和参与主体众多的特点，多主体协同能够促进工程项目技术创新的发展进程，推进工程项目向高效、节能、环保方向转型升级，对满足工程项目，特别是重大基础设施等复杂工程项目的建设需求具有重要的现实意义。因此，对工程项目技术创新多主体交互关系进行深入、系统的研究，提高多主体协同创新能力，具有重要的理论意义和现实意义。

本书通过梳理工程项目技术创新与多主体协同创新相关研究成果，基于协同学、社会网络理论，综合运用社会网络分析、问卷调查、数学建模与计算机仿真等研究方法，从工程项目技术创新多主体协同关系形成机理、多主体联结关系和多主体互动关系三个方面对工程项目技术创新多主体交互关系进行研究。

- 从系统角度分析工程项目技术创新多主体及其交互关系构成的多主体系统，分析多主体协同效应产生的条件与作用过程，揭示多主体协同关系形成的内在机理。

- 运用社会网络分析方法分析工程项目技术创新多主体网络构成要素，构建多主体网络模型，量化测度关键利益相关者在工程项目技术创新过程中的角色功能及其联结方式对协同创新的影响。

●借鉴网络级联效应理论，构建基于主体互动的工程项目技术创新协同级联效应模型，探讨主体互动作用下影响工程项目技术创新多主体协同的关键因素。

本书从网络视角分析工程项目技术创新多主体交互关系，为工程项目技术创新研究提供了一种新的研究范式。应用社会网络分析方法构建工程项目技术创新主体协同网络模型，并进行网络测度与分析，丰富了工程项目技术创新主体交互关系的定量测度研究；构建的工程项目技术创新协同级联效应模型，为理解工程项目技术创新主体复杂交互关系提供了科学方法。本书的研究成果有利于深入理解工程项目技术创新多主体交互关系的内在机理，为提升工程项目技术创新多主体协同效应提供理论依据和实践参考。

本书得到了国家自然科学基金青年项目（项目批准号：71801119）的支持。

由于时间仓促加之作者水平有限，书中难免存在不妥之处，敬请读者不吝斧正。另外，对所有为本书的写作和出版提供帮助的朋友表示衷心感谢。

2020 年 4 月 21 日

目录
CONTENTS

第1章

绪　论

1.1　研究背景与意义

1.1.1　研究背景

伴随着世界经济一体化的推进，产业发展正面临着全球竞争加剧、资源约束严峻等重大挑战。提升传统产业技术水平，培育和发展具有高附加值、强竞争力的新兴技术成为各国发展战略的重点。工业4.0时代已经来临，全球正处于信息技术深度应用和新一轮技术革命孕育阶段，技术创新渐趋活跃。大数据、云计算、物联网、智能制造等新兴技术的应用使生产流程变短、生产成本下降、特殊劳动技能要求降低、个性化设计与生产变得更加容易。技术创新改变了产品结构，影响了全球产业分工格局，推动了生产方式转变，是经济增长的重要驱动力量。

我国正处于工业化、城镇化加速发展时期，工程项目建设规模不断扩大，技术、工艺水平持续提升，特别是为社会经济发展提供重要支撑的重大基础设施工程，其规模、开放性、多元化以及新技术运用因素造成的工程复杂性特征越来越突出。例如，三峡工程、青藏铁路、苏通大桥、珠港澳大桥等重大基础设施工程建设条件复杂，属于世界级的技术难题，具有高度复杂性。这些工程在建设过程中甚至是无先例可循，可供借鉴的建造技术甚少，因而技术创新成为唯一途径。

在重大基础设施等复杂工程项目建设过程中，在质量、安全、资源利用、环境与社会影响等方面遇到了许多急需解决的现实问题，如生产效率与工业化程度低、资源浪费严重、对环境造成破坏、重大安全事故发生频率高等。新兴工程项目建造技术的创新，如工业化建造技术、绿色建造技术、建筑信息建模技术(Building Information Modeling，BIM)、新型工程设备制造技术等，为解决上述问题提供了潜在的解决途径。现有的工程项目技术已不能很好地满足以标准化、机械化、信息化、集成化为特征的现代工程项目建设的实际需求，技术创新成为当今工程项目建设活动的重要内容，对实现工程项目高绩效(High-performance)、可持续(Sustainable)的建设目标具有重要意义。

技术创新对节约投资、提升管理效率、提高工程可靠性、增强工程可持续性具有重要意义[1]。然而，工程项目技术创新存在初始成本高、额外成本增加、短期内利润回报低等特点，致使建设主体技术创新的积极性不高，项目团队中缺少技术创新的提倡者、协调人和引领者，创新活动很难顺利开展。工程项目涉及众多参与主体，如建设单位、设计单位、总承包商、供应商、分包商、监理单位、咨询单位等，知识、材料、技术等分散在多个不同组织，而工程项目技术创新又具有强烈的工程专业相关性和技术集成性，多专业、多参与方协同特征十分突出[2]。因此，需要深入剖析工程项目技术创新多主体交互关系，有效整合资源，以实现多主体协同创新(Collborative Innovation)。

协同创新是一种复杂的创新组织方式，关键是形成以高校、企业、研究机构为核心要素，以政府、金融机构、中介组织、创新平台、非营利组织等为辅助要素的多元主体协同互动的网络创新模式，强调知识创造主体和技术创新主体之间的深入合作和资源整合[3]。协同创新已经成为继开放式创新(Open Innovation)之后的又一种重要创新模式，能够产生系统叠加效用[4]。其本质是，为了实现重大科技创新而开展的大跨度整合的创新组织模式，通过政策引导和机制安排，促进创新主体发挥各自的优势，整合互补性资源，协作开展技术创新活动。协同创新是当今科技创新的新范式。

伴随着新型城镇化，特别是重大基础设施工程项目建设，技术创新需求不断增加，工程项目组织之间的合作创新模式也受到关注。已有相关研究提出跨组织的协作是影响工程项目技术创新的重要因素[5-6]，提倡工程项目多利益相关者之间建立长期的战略合作关系[7]，整合各方资源，实现多主体协同创新。这些初步研究成果为深入开展工程项目技术创新多主体交互关系研究提供了重要基础。在此背景下，本书以工程项目技术创新多主体为研究对象，探索多主体在技术创新过程中呈现的复杂相互作用关系，为工程项目技术创新实践提供参考。

1.1.2 研究意义

本书以协同学和社会网络理论为基础，紧密结合工程项目技术创新的特点，对工程项目技术创新多主体交互关系进行研究，从而实现多主体协同效应，具有一定的开拓性，对提高工程项目技术创新效率和管理水平具有重要的理论价值和现实意义。

1. 进一步丰富工程项目技术创新管理理论体系

工程项目技术创新集成性强，涉及众多参与主体，通过管理多利益相关者的关系实现技术创新更符合工程项目技术创新管理情境。本书借鉴协同学和社会网络理论的研究成果，从多主体协同的角度出发，采用社会网络分析方法，厘清工程项目技术创新多主体联结关系；力求阐明工程项目技术创新多主体交互关系的复杂性，揭示创新主体在协同创新过程中所扮演的角色，以及在进行创新决策时的互动规律，从而探讨多主体协同视角下工程项目技术创新的实现路径；旨在促进社会科学与工程管理的跨学科融合，进一步丰富工程项目技术创新管理理论研究，为其提供一种新的研究范式。

2. 拓展社会网络理论对工程项目技术创新多主体交互关系的理论解释

创新网络研究已成为研究热点，被广泛应用于各行业的创新研究，但工程管理领域的技术创新网络很少被提及。本书依据工程项目技术创新多主体关系的复杂性，提出从网络视角探讨工程项目技术创新多主体交互关系；应用社会网络分析方法构建工程项目技术创新主体网络模型，为测度多主体联结关系提供量化依据；探讨工程项目技术创新主体在网络中的不同位置对资源的控制力以及主体间互动的影响力，揭示工程项目技术创新过程中多主体间的联系和相互作用模式；旨在促进社会网络理论在工程项目技术创新多主体协同管理中的应用，发展以社会网络科学为研究基础的工程项目技术创新管理理论与方法。

3. 为工程项目技术创新多主体的协同行为提供实践指导

从实践角度来看，本书研究有利于工程项目技术创新主体关注和促进项目跨组织成员的社会网络联系，为工程项目技术创新营造一个良好的网络沟通环境；对于指导工程项目参与主体如何有效获取合作伙伴的知识和资源并进行技术创新具有重要的现实意义；通过对工程项目技术创新过程中重要角色的网络特征定位，有利于寻找多主体协同创新过程中发挥作用的关键组织节点，为风险防范、相关政策与激励机制的制定提供指导。

1.2　问题提出与研究目标

1.2.1　问题提出

工程项目技术创新的集成性和多主体参与性，使得创新主体间的跨组织合作成为工程项目技术创新管理的重要内容。协同成为工程项目技术创新的本质特征和基本要求。工程项目技术创新多主体协同是一个复杂的系统工程[8]，具有复杂的系统结构和广泛的外部联系，是人流、物流、资金流、信息流不断运动的开放系统。如何在这样一个复杂开放的系统中整合创新资源，实现创新要素在不同项目团队、个体之间的共享呢？强化多主体交互关系，实现建设主体跨组织的协同创新将成为提高工程质量、实现工程项目可持续性的重要途径。

利益相关者关系对协同创新的影响一直是管理科学领域的研究热点[5,9]。在现有工程项目技术创新研究文献中，关于多利益相关者协同创新的认知与运行规律的研究基本呈碎片化状态，多是在研究组织间协同创新的过程中基于某个视角提及多利相关者的某些特性，而未就多利益相关者协同创新展开系统探索，缺乏对多利益相关者协同创新的要素互动机制、影响因素和作用功能等的全面研究。工程项目技术创新具有多专业技术集成和多主体参与的特点，其利益相关者众多，需要对多利益相关者在工程项目技术创新过程中呈现的协同交互关系进行深入系统的研究。

多利益相关者之间的关系影响系统中个体的行为模式，以复杂社会网络的形式呈现[10-12]。社会网络分析方法作为研究组织间相互作用的有力工具，能够探究隐藏在复杂社会系统之下深层网络的作用规律[13-14]，能较为有效地表达多利益相关者在协同过程中呈现的关系结构形态、属性特征以及采取行为策略时的相互影响[14-15]。因此，利用社会网络分析方法，从多利益相关者角度对工程项目技术创新进行研究具有适用性[16]。

随着社会网络理论的广泛应用，从社会网络视角研究网络属性对多利益相关者行为策略和创新活动的影响已成为建设领域的前沿问题[17]。相关研究成果强调通过网络治理实现多利益相关者协同创新，但是这些研究并没有充分利用社会网络分析统计、可视化分析的优势，定量分析多利益相关者在工程项目技术创新过程中的交互复杂关系，以及各主体在创新过程中的具体角色扮演和功能地位。

基于对已有文献研究的分析和工程项目技术创新管理实践的总结，本书以工程项目技术创新多主体为研究对象，应用社会网络分析方法，将研究问题聚焦于多主体联结与互动关系，开展工程项目技术创新多主体交互关系的研究。问题提出的具体路径如图1-1所示。

1.2.2　研究目标

本研究的总体目标是：借鉴工程项目技术创新和多主体协同创新研究的相关理论成果，采用社会网络分析方法，围绕工程项目技术创新多主体协同的特点，开展工程项目技术创新多主体交互关系研究，为提高工程项目技术创新水平提供理论参考。具体研究目标分为以下几个方面。

1. 揭示工程项目技术创新多主体协同关系的形成机理

工程项目技术创新多主体及其关系构成了多主体系统。多主体系统内部，主体间形成复杂联系和相互作用模式，推动多主体协同运行。从系统的角度分析主体结构的复杂性，探索多主体协同效应的产生过程；构建工程项目技术创新主体协同关系网络演化模型，揭示工程项目技术创新主体协同关系网络特征；分析工程项目技术创新多主体协同关系形成机理，即多主体围绕工程项目技

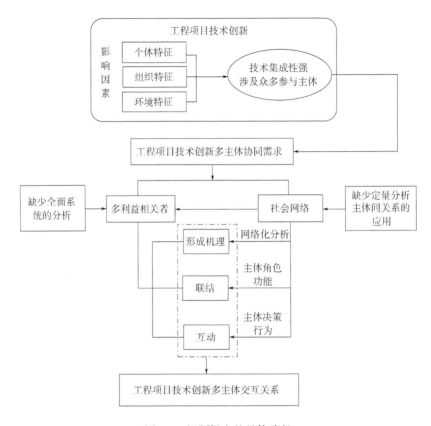

图 1-1　问题提出的具体路径

创新活动开展协同运作的方式，以及多主体间形成相互联系的基本原理；分析工程项目技术创新主体协同关系形成机理，进而寻求协同创新能力提升路径。

2. 提出衡量工程项目技术创新主体角色与功能的量化分析方法

联结作为创新主体间静态关系的属性，联结方式和内容影响多主体协同的效果。通过构建创新主体联结关系测量指标体系，测度工程项目技术创新主体间的联结关系；量化分析关键个体在技术创新过程中的角色功能，寻求创新主体网络功能发挥的关键组织节点，为工程项目技术创新关键组织节点的辨识提供深层次的理论依据。

3. 分析工程项目技术创新协同级联效应，揭示主体互动规律

互动关系描述创新主体的行为变化对其他主体行为产生影响的过程，互动关系所呈现出的规律影响多主体协同效应。运用社会网络的建模思维，模拟创新主体在网络关系作用下的互动过程；分析影响工程项目技术创新主体协同级联效应的因素，总结工程项目技术创新主体互动规律，阐明影响多主体协同效应发挥的关键因素，提出提高多主体协同创新能力的措施与建议。

1.3 国内外研究现状及评述

1.3.1 工程项目技术创新相关研究现状

1. 工程项目技术创新相关研究分类

与工程项目技术创新相关的研究，国外文献一般称为"Construction innovation"。技术创新与管理是工程管理领域重要的研究方向[18-21]。国外对 Construction innovation 的研究起步较早，大约从 20 世纪 60 年代开始出现此方面内容的文章，涉及材料、技术、管理等。

可以从项目、企业、产业三个层面对工程项目技术进行创新，具体研究分类如图 1-2 所示。

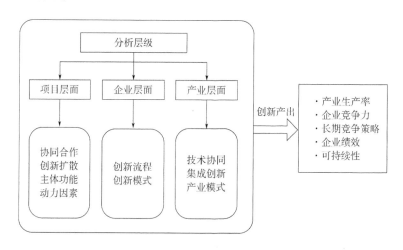

图 1-2 工程项目技术创新研究分类

项目层面上的创新主要是围绕工程项目建设过程中建设主体如何协同合作，参与主体的功能、动力因素以及创新在组织间的扩散等问题展开研究；企业层面上，建筑企业一般要依赖于其他企业的能力，如对建筑材料、部件、设备等制造方法了解甚少的分包商可以与专业企业合作创新[9]；产业层面上的创新主要是关注如何提高产业技术创新效率。工程项目技术创新分层级研究的具体内容见表1-1。

表1-1　工程项目技术创新分层级研究内容概况

层面	关键问题分类	子类问题
项目	协同合作	跨组织协作[5,6,22]；复杂产品系统[23-25]；跨项目合作[18]；组织关系[9-10,24,26]；产学研合作[5,27]
	创新扩散	技术扩散[28-29]；技术采纳[30-33]
	主体功能	承包商[34-35]；供应商[36-37]；业主[35-36,38]；政府[9,39-40]
	动力因素	环境压力[23-24,31,41-42]；技术能力[23-24,30,33-34,43-44]；知识转移[23,30,45-48]；跨界[23,42,49-51]
企业	创新流程	过程管理[43,52-56]；策略[9,23,46,55,57-59]；技术转让[43]；实施和学习[24,46,49,55,60-61]
	创新模式	激励机制[9,62]；创新风险[24,32,55]；管理能力[7,34,48,63-64]；采纳能力[10,24,31,33]
产业	集成创新	集成管理[7,43,65-66]；信息交流[30-31,48]；协调性[67]
	技术协同	技术扩散[28-29]；关系管理[9,24,26]；吸收能力[63,68]；技术经济网络[61]
	产业环境	创新平台[27,53,69]；商业环境[30-31,56,70]；政策与管理[5-6,9,22,40,45,52,65-66,71]

2. 工程项目技术创新过程模型

一般技术创新经历了五种过程模型，包括技术推动模型、市场需求拉动模型、交互模型、并行模型和网络模型。前两种过程模型是线性和离散模式，反映技术创新由前一环节向后一环节推进的过程，只考虑单纯的技术推动或需求拉动的作用；交互模型下的技术创新过程由技术和市场共同作用引发，增加了反馈环节；并行模型与网络模型强调企业、部门间的合作，整合利用内外部资源，体现技术创新过程的集成性与复杂性特征。这五种过程模型反映了技术创新过程由浅入深、由简单到复杂的过程。

工程项目技术创新过程研究也经历了线性模型到系统模型的演变。Tatum 提出工程项目技术创新的实现分为七个环节，包括识别创新动力和机会、营造创新氛围、发展必要的技术能力、提供新的施工技术、试验与完善、实施过程以及创新反馈机制，并结合不同类型工程项目案例建立技术创新过程模型[43]。这七个环节之间存在反馈与迭代关系，属于线性过程模型；这一过程模型基于单个建筑企业内部技术创新过程提出，没有涉及跨组织的多主体协同问题。相关学者在 Tatum 的基础上对工程项目技术创新的过程进行了进一步研究，比较典型的有 Kangari 提出的从技术创新新想法到应用需要三方面活动：新工作策略展望、设计过程、实施改变现状[46]；工程项目技术创新的四个关键步骤是：想法概念化、开发新技术、知识转移和应用解决问题[72]。

随着工程项目技术创新研究的深入，出现了新的工程项目技术创新阶段划分方法，包括创新应用过程的六个阶段：识别、评估、委托、准备、使用和使用后评价，确定各阶段策略，定义客户、承包商、供应商、建造商创新实现过程中所扮演的角色[55]，并在过程划分过程中关注众多参与主体在工程项目技术创新过程中的不同作用。Halim 模拟了创新过程的具体步骤，指出建筑业创新实现过程包括五个阶段：问题界定阶段、分析调查阶段、问题求解阶段、全尺寸原型系统有效解决方案建立阶段和商业化阶段[56]。上述工程项目技术创新过程的阶段划分都属于内部导向的线性模型。

随着工程项目技术创新研究的不断深入，对工程项目技术创新过程模型的研究突破了以往的线性模型，融合目标、策略、环境障碍、动力和组织因素，构建了工程项目技术创新系统[59]，提出技术创新过程中存在阻碍或支持创新的环境因素的调节，需要运用相应策略来达到技术创新目标；组织、策略、环境与目标之间存在相互关系，共同推动创新系统运行。虽然技术创新系统的提出考虑到多种因素作用下技术创新的过程，但仍是从单个企业层面探讨创新的过程。考虑到工程项目技术创新多主体参与的特征，在项目层面开展技术创新过程分析，综合考虑项目多利益相关者相互关系作用，更符合工程项目技术创新实际情境。

之后，工程项目技术创新过程模型发展至"四代"创新过程模式。该模式描述了项目当事人(创新者和采纳客户)之间的必然联系，肯定了以往的研究成果，强调了创新实施和扩散过程中创新主体之间关系的重要性[61]。多主体对创新过程的影响也受到关注，相关研究逐渐突破了从单个企业层面对技术创新过程的分析。考虑多主体环境影响，综合驱动力(Drivers)、投入(Input)、活动(Activities)、参与主体(Participants)、影响因素(Enablers and Barriers)、产出(Benefits)等要素，在项目层面构建了技术创新的整合框架模型[19]，从项目层面对技术创新过程进行分析，有助于加深对工程项目创新跨组织特性的理解。工程项目技术创新过程模型具体演变过程如图1-3所示。

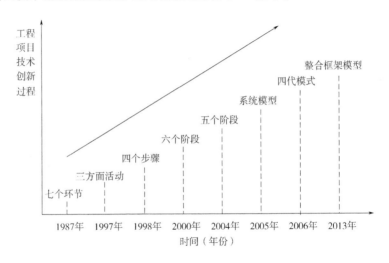

图 1-3　工程项目技术创新过程模型具体演变过程

3. 工程项目技术创新影响因素

早在 1981 年，Kimberly 和 Evanisko 就在其发表在 *Academy of Management Journal* 的文章中指出影响创新行为的要素有三类：组织管理者的特征、组织自身的特征以及所处环境的特征[73]。在创新领域的有关研究中，对个体特征、组织特征与环境特征对创新的影响已经达成了广泛共识[74]。基于此，本书从个体因素、组织因素以及环境因素三方面对工程项目技术创新影响的相关文献进行梳理和总结。

（1）个体特征的影响

工程项目技术创新是一种项目层面的技术创新，创新主体来自项目参与组织，涉及众多专业背景主体。从个体角度而言，每一位参与个体对工程项目技术创新都有不同的影响力。业主作为工程项目主导者，业主需求是促进创新的催化剂，业主通过对项目提出特殊要求[52]等方式对工程建设主体施加压力，从而提高工程项目的整体性能。创新技术在应用过程中可能会增加项目成本和风险，缺乏这些技术相关知识和经验的业主，为了追逐短期的利益回报会尽量避免创新。相反，项目团队中有经验的业主会倾向于与设计方和承包方建立长期的合作关系而去执行他们的研究和设计方案，从而推动创新[34]。供应商是工程项目所需材料、设备的主要来源，其提供的技术创新是工程项目技术创新的主要动力。通过对荷兰20世纪的建筑领域技术创新行为进行统计分析，结果显示约占2/3的建筑业技术创新成果是由供应商贡献的。同样，据统计，1990—1994年间英国建筑业研究与开发（Research and Development，R&D）的主要投资者是建筑材料和设备供应商，而且在建筑企业R&D费用呈下降趋势的同时，材料和设备供应商的R&D投资却保持了较大的增长[37]。

（2）组织特征的影响

组织特征对创新的影响主要集中在组织结构特征、组织资源等方面。建筑业供应链具有高度的分散性，知识、材料、技术分散在多个不同的组织[5]，组织间的沟通、合作是影响创新的重要因素。一个建设项目的完成涉及众多组织，可以看作是由供应商、客户和监管机构等参与组织组成的一个相互依存的网络，这就使得工程项目技术创新需要进行跨组织管理与协同。跨组织协作是影响工程项目技术创新的重要因素。Manley和Karen证明供应链的集成更能促进创新，供应链关系最明显的是采购过程，成功的创新需要不同部门间有效的合作关系，而且应该通过供应链来建立这种合作关系，以确保所有的参与方都能建立适宜的合作关系以促进创新。在传统的工程项目管理模式下，各参与主体之间缺乏长期稳定的合作关系，对各自利益的追求阻碍了技术的创新[6]，同时在项目有限的工期内难以实现组织之间的协同攻关[77]。这种管理模式不仅可能损害项目本身的利益，还有可能影响各参与主体进行技术创新的积极性，因此需要对工程项目技术创新过程中的行为进行规范，并对参与项目的组织进行跨组织的管理[5]，创造利于工程项目技术创新的组织环境。

(3) 环境特征的影响

环境特征对创新的影响已经受到学术界的广泛关注，通常被认为是技术创新的重要驱动力。在环境要素中，政府成为绝对的主角，通过了解市场具体条件、掌握先进技术、调整产业结构，制定法律法规促进创新。适当的政策和法规能够有力提升工程建设企业开展技术创新的动力[45]，如市场调控政策[42]、刺激创新政策[24]、创新应用补贴政策[23]以及政府为鼓励创新确保创新型企业在市场中占有有利地位等制定的政策[71]。Ofori 和 Moonseo 以新加坡建筑业技术创新发展研究为基础，建立了建筑业国家创新系统分析模型，模型要素包括工程项目多利益相关者。得出的结论是，政府创新政策聚焦于如何提高建筑企业利润率，有效的政策能大幅提升技术创新动力[40]。Park 等基于系统动力学提出建筑业动态创新模型，包含多种个体和情境影响因素，强调个体和环境因素间相互作用对建筑业创新的驱动[79]。环境因素主要是通过政策刺激和约束、管理法律法规以及新的管理模式共同推进建筑工程技术创新的实现。

4. 工程项目技术协同创新

在经济全球化背景下，创新越来越具有开放性。Chesbrough 于 2003 年提出开放式创新概念，即创新活动的边界模糊化，组织同时从内部和外部获取有价值的资源[80]。随着开放式创新的不断发展，成功的创新需要不同学科、不同层次、不同类型的组织合作完成，即协同创新。随着协同创新在各领域的不断扩散，其在工程管理领域的应用也在逐渐增多。

(1) 协同模式

工程项目技术创新在技术要素层面上要求多个学科、多种技术的组织与集成优化，是把技术与经济、社会、管理等要素在一定边界下进行优化集成的过程[81]，需要技术创新与管理创新的协同整合[82]。通过提高战略、文化、制度、组织(结构与流程)等要素与技术要素的适应性，实现核心要素与支撑要素的协调匹配。工程项目技术创新协同模式相关研究见表 1-2。

表 1-2　工程项目技术创新协同模式相关研究

作者	主要问题	研究角度
Dulaimi[70]	通过创造一个和谐的商业环境，使参与者更及时地做出决策，以提高工程项目建造过程的整合性	外部环境
Holmen[22]	为技术创新创造一种组织关系	组织创新
Keast[26]	构建创新网络，通过网络关系治理整合组织资源	关系管理
Rutten[5]	借鉴复杂产品系统理论，构建组织结构，实现组织间协作	组织模式
Aouad[53]	建立创新平台，以更好地将教育机构的资源与人才和产业相连接	战略
Shapira[27]	强调产业与学术界协同合作对工程技术创新的推动作用	战略
Calamel[18]	通过建立项目间合作进行集群创新	管理
Ozorhon[20]	从项目角度分析创新的动力、阻碍，每一个参与者在推动创新过程中都扮演着不同的角色	管理

工程项目技术创新协同模式的相关研究呈现出要素作用方式和创新实现方式的不同。工程项目技术创新涉及众多参与组织，多数技术创新行为是由项目参与者基于项目协同完成的[83]，跨组织的合作是影响创新的重要因素[5,22]，需要进行跨组织管理与协同。因此，技术创新的协同合作主要体现在项目层面。组织间的协同打破了单元、组织、领域等的界限，通过相互协作将不同领域的要素进行最大限度地整合，被认为是提高效率、促进创新的有效方法[84]。产学研合作方式作为国家创新体系的重要组成部分，同样适用于建筑业。Shapira 提出产业与学术界协同合作对建筑业创新具有推动作用[27]，通过建立创新平台整合教育机构与产业的资源和人才，催化建筑业创新[53]。

（2）多主体协同

工程项目技术创新是一种开放式创新，各个阶段的创新活动都不相同，每一阶段的项目参与者都有可能成为创新源，因而需要营造一个具有良好创新氛围的项目组织环境，项目参与主体之间相互信任[85]，建立长期的战略合作关系[7]，重要领导主体支持创新[34]，促进更多参与主体加入学习与创新。由于工程项目技术创新参与主体众多，需要一个创新主导组织，构建一种合适的关系模式，由集成者（Integrator）整合各方资源，实现组织创新与技术创新的协同。每个参与者在技术创新过程中都扮演着不同的角色[20]，设计单位和总承包商可以分别在设计阶段和施工阶段作为集成者[5]。业主需求是促进创新的催化剂，业主通过对项目提出特殊要求[52]等方式给工程建设主体施加压力，从而提高工程项目整体性能。由于应用创新技术可能会增加项目成本和风险，一些缺乏创新技术相关知识和经验的业主为了追逐短期的利益回报会尽量避免创新；而有管理项目团队经验的业主会倾向于与设计单位和总承包商建立长期的合作关系，积极执行他们的研究和设计方案，从而推动创新[34]。

要进行创新协同合作，首先要选择合适的合作伙伴，需要考虑的因素包括合作伙伴的竞争力、合作创新经验、领导者的创新意愿等[6,86]，及其建立长期战略合作关系的意愿。这种非合同关系能够保障工程项目参与主体之间持续稳定的合作[7]。建立协同关系后要进行关系管理。有效的组织关系管理能够降低创新过程中的风险与冲突，促进参与方之间的资源共享与信息沟通[87]。Keast提出，采用网络治理模式更容易整合来自众多组织的知识资源，确保组织间稳定的资源流[26]。

随着网络方法的广泛应用，创新网络在工程领域中的重要性也受到了关注[6,26]。工程项目技术创新网络是由建设单位、设计单位、总承商、科研机构、咨询单位、材料设备供应商等组织构成。它依存于工程项目，又相对独立于工程项目的建设活动，以技术创新为目标，以工程需求为导向。创新网络着眼于项目参与主体众多，关系错综复杂，通过网络关系治理与维护来实现跨组织的密切协作和开放性沟通，是实现工程项目技术协同创新的新模式。

1.3.2 多主体协同创新相关研究现状

1. 协同创新演化路径

被广泛接受的创新概念是由经济学家约瑟夫·熊彼特在其著作《经济发展理论》中提出的，他将创新定义为一种新的生产要素和生产条件的"新结合"被引入生产体系中[88]。本质上，创新是一种系统，企业不能单独完成创新，这使得相互协同合作成为重要手段。协同创新成为新时期对创新理念的一种新解读，它来自对实践的新认知，并且通过高度集成形成了新的理论概念。

Ansoff是最早提出协同（Synergy）概念的学者之一，他将协同定义为由多个独立组成部分整合形成整体的业务表现[89]。在全球一体化进程中，提高协同能力是企业获取市场竞争优势的重要途径。协同的内涵包括合作（Cooperation）、协调（Coordination）和沟通（Communication）。学术界一般从两个维度探讨协同的程度，包括相互作用影响（Interaction/Interoperation）和整合（Integration）[90]。相互作用影响从最基本的交流开始，个体和系统不同程度的相互作用伴随着整合过程，最终形成信息、目标、绩效和组织的协同。

协同概念也逐渐被引入创新研究领域。最初，众多学者在国家、区域等不同层面展开技术与制度协同创新研究，从技术体系和制度结构协同演化视角对企业创新系统进行解释。随后，又有学者从产学研协同的角度分析公共研究机构、企业以及大学间的协同推动新产品开发等问题，将协同问题研究逐步推向对创新成员、创新要素之间协同关系的研究；还有学者从微观角度研究网络协同创新中的知识协同及知识互补性等问题，直至后来从创新整体模式视角进行相关研究等。当前，协同创新相关研究正不断向外围扩展，逐渐渗透到多学科、多领域。解学梅从集群协同创新的角度对协同创新相关研究进行梳理，归纳总结了协同创新的研究脉络，如图1-4所示[91]。

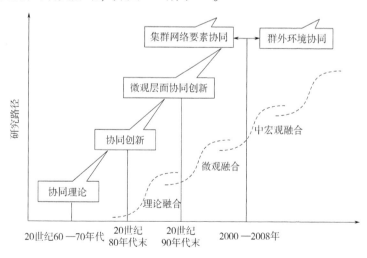

图1-4 协同创新的研究脉络

2. 协同创新实现路径

协同创新的主要特点之一就是整体性，是指创新系统中各要素的有机集合，其最终存在的方式、目标、功能表现出统一的整体性[92]。与协同创新相关的要素可以分为两类：第一类是深度影响创新的核心要素：技术和市场；第二类是在一定程度上影响创新的支撑要素：战略、文化、制度、组织(结构与流程)等。要素间的协同是指核心要素与支撑要素进行协调匹配，呈现整体协同效应。关于各要素间协同的研究主要围绕协同创新模式、过程模型、影响因素及效应等展开。制度要素与技术要素间的协同也是国外协同创新研究的一个热点。自Joe 从市场、技术、组织三个方面强调系统整体协同对创新绩效的重要性之后[93]，对要素协同问题的研究被提升到一个新的高度。我国学者也对要素协同问题进行了相关研究。例如，彭纪生(2000)运用多学科理论从宏观层面上系统分析了创新体系中各要素的内在作用机制[94]；张钢等(1997)运用理论推导与案例分析的方法从微观层面上探讨了技术、组织、文化协同创新的一般模式[95]。技术、市场与制度协同机制以及协同创新体系研究，是国内协同创新研究的重点问题[95-98]。要素协同的相关研究呈现出要素作用方式和创新实现方式的不同。

内部协同创新从微观的视角研究企业内部核心要素(技术和市场)和若干支撑要素间的相互作用机制，包括要素间协同创新模式和影响因素及效应。随着知识经济时代的到来，企业开始参照协同论的原理，通过序参量的确定构建协同架构，降低分别研究多个创新要素导致的管理复杂性[97]，实现各个创新要素的优化整合以及创新资源在系统内无障碍流动，即企业内部协同创新。近年来，知识密集型服务业的特殊要素(R&D、人力资源、知识流和文化等)间的相互关系和运行机制是一个新兴起的研究范畴，并由此形成了以顾客需求为导向的企业与顾客协同创新的新型模式。

外部协同创新的实现主要取决于产业组织与其他相关主体之间的互动[95]，从横向和纵向两个维度展开研究。其中，横向协同创新主要是指同一大类产业中细分产业主体间的协同，主要从各个组织主体横向协同创新模型与运行机制、模式和绩效展开研究；纵向协同创新主要是指同一功能链不同环节上的产业主体间的协同，国内外学者主要以供应链为视角，对企业、客户和中间商纵向及相关要素协同创新模式模型、收益分配、创新能力、影响因素等问题展开研究。

综上所述，协同创新实现途径划分为内部协同创新和外部协同创新两个维度。其中，内部协同创新主要围绕与企业内部创新相关的核心要素(技术和市场)和若干支撑要素(战略、文化、制度、组织、管理等)的协同创新模式、机制及过程模型、影响因素及效应等展开研究；外部协同创新的实现主要取决于产业组织与其他相关主体之间的互动，主要围绕横向协同创新和纵向协同创新展开研究。

3. 创新主体协同维度

随着开放式创新的不断发展，跨组织创新活动的边界愈加模糊，成功的创新需要不同学科、不同层次、不同类型的组织合作完成，因而理清众多参与主体之间的多维度或多层次利益关系成为至关重要的问题[99]，这进一步促进了围绕创新主体的协同研究的出现。在创新系统中，主体间的协同机制对创新产出产生积极影响，创新主体间的差异化与协同的动态均衡是创新协同机制的核心[100]。多主体协同研究，大多是围绕众参与主体为实现共同目标协作配合从而产生增值效益的过程而展开。现有的创新主体协同研究主要从主体的协同行为、相互关系和合作机制等方面进行分析。

创新主体协同主要指产业组织与其他相关主体之间的互动[95]，包括创新主体之间的知识共享、资源优化配置、行动的最优同步、系统的匹配度等。依据创新主体的协同层面，可以将国内外相关研究归纳为横向和纵向两个维度。其中，横向协同创新是指同一大类产业中细分产业主体间的协同，主要从各个组织主体横向协同创新模型与运行机制[101-103]模式和绩效[104]展开研究；纵向协同创新是指供应链各个环节主体之间的协同[105]，主要从供应链的视角，对企业、客户和中间商纵向及相关要素协同创新模式模型[106-107]、创新能力[108]、影响因素[109]等问题展开研究。

横向创新主体协同研究多关注产学研协同创新，包括对多主体合作的动因、影响因素、协同模式、组织间关系及演变、风险分析与评价等的研究。产学研协同的核心是知识的协同，知识协同的本质是知识转移，知识转移过程中的时间跨度和知识特性决定了组织结构和运行过程[110]。其核心是企业、大学或科研机构组成合作关系，构建由多个知识个体及相互关系所构成的知识协同网。

纵向创新主体协同研究主要围绕协同模式、收益分配、实施策略等问题展开，其研究对象多是供应商与销售商、供应商与客户、企业与客户等两个或三个主体之间的协同。相关研究结论包括：供应商与销售商之间共同承担创新成本比单纯的退货政策更能实现供应链协作[106]；低成本创新对供应商与客户都有益处[111]。张巍以供应商、制造商、销售商为研究对象，建立了具有纵向溢出效应的供应链企业间协同创新模型[112]；Jin等分析了企业与客户协同创新存在的风险因素，并进行了风险评估[113]。

4. 创新主体关系网络

创新主体关系网络是创新主体相互关系研究的一个主要内容。网络视角下的创新主体协同关系研究是多主体协同创新研究的另一个部分。协同创新网络是一种系统，系统中的创新要素包括技术、战略、市场、文化、组织、制度等，各要素通过协同作用共同演化，提高创新绩效[114]。大量理论与实证研究表明，创新网络能为网络中的结点企业提供更多样化的资源，可以在创新网络中形成互补性知识的学习和交流，实现知识要素的创造性融合，提升技术创新能力[115]。许多学者基于社会网络分析理论对引起协同创新绩效差异的因素进行了研究[116]。通过构建社会网络证实，有效的社会网络结构能更好地发挥网络中各种多利益相关者的能力[117]，提高组织绩效[118]，增加协同创新产出。网络是介于市场与层级制间的一种制度形式[119]，从组织形式来看，创新系统的本质是创新网络。在网络层面，协同与网络的含义是等同的，因为网络构架的主要联结机制是企业间的创新合作关系[120]，其本质就是创新主体间的合作。从网络视角对创新主体关系的研究更接近主体协同创新的微观机制和本质特性。

网络在协同创新研究的应用逐渐成为一种新的创新研究范式。多利益相关者的网络制度以及知识交流是创新机制的重要组成部分。社会网络分析可以识别组织中对象间的信息不对称，及时进行知识传递，突破组织间界限，有效提高组织效率。引入社会网络和知识网络分析方法，可为构建协同创新网络提供基础支持。Freeman最早提出创新网络的概念，指出创新网络的研究对象是企业内部及组织间的协同创新合作关系[120]。在创新网络多利益相关者之间的网络制度和知识交流研究中，学者们比较关注创新网络结构以及网络关系。

与网络分析相比，社会网络分析研究不同单元之间社会关系的结构与属性，更注重社会行动者(Actor)及其间关系的集合[121]。社会网络分析可以识别组织中担当中心角色的个体、团队和单位以及信息故障、信息瓶颈和结构洞；突破功能性和组织性限制，提供促进知识传播的机会；提高已有正规知识流动渠道的效率和有效性，引起对非正规知识流动渠道的认识和反思，找到提高组织绩效的方法。网络特征与结构直接影响创新主体之间的协同关系。已有研究主要是从网络结构和网络节点间关系两个视角分析有效促进创新绩效的主体协同关系。

（1）网络结构

网络结构是指网络内部行为主体之间的相互联系和相互作用方式，刻画网络内在资源的分布状况和整合深度，关注网络主体间关系的整体结构特征。对网络结构的分析，意在分析行为者在网络中的结构、位置、联系数量等因素对其行为及结果的影响。网络结构分析注重组织中关系的行为特点、密度、中心性等普遍存在的协同关系的特性[122]。网络结构特征量化指标包括网络规模、网络范围和网络位置(中心度)等[123]。网络规模是结点在网络中拥有直接联结的数量。网络规模是指网络的大小和网络中的节点数量。节点数量越多，节点之间的联结关系越多，网络规模就越大，代表主体具备的关系资源越多，越容易实现创新[124]。而网络范围越大，网络成员的异质性越大，嵌入网络的资源不同的可能性就越大，找到特定资源供应者的机会也就越大。与其他单位相比，占据网络中心位置的单位更容易接触到网络中的知识增量，在单位吸收能力和成功复制新知识能力不变的条件下，能产生更多创新，提高自身绩效[125]。

（2）网络节点间关系

网络关系是企业获取信息的重要来源，是联结主体分享信息与知识的渠道。网络节点间关系分析注重关系特征、网络成员获取网络资源的能力和资源质量间的关联性分析。衡量指标有关系持久度[126]、关系质量[127]和关系强度(Intensity)或关系频率(Frequency)[128]等。已有学者研究证明，关系强度以及互惠程度对集群中的创新能力有重要影响[129]。网络中具有强联结的个体间具有互动频繁、彼此间感情较深、联系密切、彼此互惠等特点，有助于内部成员之间的深度互动与交流，达成互助、合作、协调的高质量关系；强联系能够促进频繁的知识交流，更多地提供获取和转移知识的机会，有利于新知识的产生；关系强度还会对学习能力产生影响，强联结主体之间互动频繁、联系密切，能够增进主体之间的相互信任，促进相互学习的过程。此外，相近性(Similarities)、社会联系、相互作用与流动性都是具体节点间联结研究的重要内容。许多社会网络研究旨在规划和计算不同种类的联结是如何相互影响的[130]。

1.3.3　国内外研究现状评述

通过梳理相关文献，本书对工程项目技术创新与多主体协同创新的相关研究进行了系统性总结：已有文献为工程项目技术创新多主体交互关系的研究奠定了理论基础，为深入探讨本书主题提供了参考和借鉴。但是，通过梳理相关研究文献发现，工程项目技术创新多主体交互关系的研究角度、研究内容以及研究方法还存在着一定的发展空间，现有文献的研究趋势和不足主要表现在以下几个方面：

1)工程项目技术创新多主体协同研究主要集中在组织模式[27]、影响因素[42]、关系管理[26]等方面，研究内容相对分散，缺少对工程项目技术创新多主体间复杂关系的深入系统研究。工程项目技术协同创新研究多关注组织结构以及管理流程等管理创新与技术创新的协同整合，基于要素协同途径实现创新。而工程项目涉及的利益相关者众多，对主体协同进行管理更符合工程项目技术创新管理的特征。在对多主体协同创新问题的研究中，也从某个角度提了了多利益相关者的某些特性，包括个体特征[52]、组织结构[5]、环境要素[79]等方面对创新的影响与推动。工程项目技术创新相关研究已经提出跨组织协作的重要性[5-6,22]。对于多主体协同的研究主要集中在组织模式[27]、影响因素[42]、关系管理[26]等方面，缺少基于多主体协同角度从纵向主体协同出发对工程项目技术创新主体的协同模式、影响因素、作用机理等进行系统性研究。多利益相关者之间的联结与互动影响各方的资源整合与协作，厘清他们在技术创新过程中的多维度或多层次利益关系，探讨影响创新的关键组织节点以及个体间相互作用的规律，有利于识别工程项目技术创新的关键因素。

2)工程管理领域的技术创新网络很少被提及，工程项目技术创新主体协同网络的构建及形成机理研究较少。创新网络已成为研究热点，被广泛应用于各行业的创新研究中。网络理论也应用于工程管理领域，其研究重点是团队绩效与项目治理。有少量文献提及构建工程项目技术创新网络，通过网络治理实现协同创新[6,26]，但很少有学者从网络视角对工程项目技术创新多主体系统的结构、主体之间的相互作用关系进行全面系统的分析。从网络视角进行分析，能够更好地诠释多利益相关者相互作用下的技术创新过程和路径，更加形象地描绘创新主体在技术创新中的地位和作用。需要借助网络视角剖析系统结构及其复杂性、多主体协同效应的产生过程，以及应用网络分析方法量化、可视化创新主体的相互作用关系，全面分析多主体协同关系形成机理和作用机制。

3)工程项目技术创新多主体协同相关研究以理论为主，多是定性分析，缺少对工程项目技术创新主体角色、功能以及相互作用关系的定量研究。对多主体协同创新网络的研究，通常将组织看作一个节点，研究内容聚集在主体间关系对创新绩效的影响[131-132]，并不关注节点本身。对于工程项目技术创新，各种创新战略、管理、制度等行为的决策者与执行者是项目组织，最终关注的是作为创新主体的项目组织(个体)在创新过程中发挥的功能与作用过程。已有的涉及多主体协同网络的工程项目技术创新的少量研究以理论为主，大多是定性分析，并没有进行具体创新主体协同网络的构建，也没有真正应用社会网络分析方法具体地、定量地分析网络特征。由此可见，现有相关研究还不够深入，研究方法也有待进一步挖掘：需要应用社会网络分析方法，构建工程项目技术创新多主体网络，借助定量模型测度创新主体联结关系，分析不同主体联结方式对网络性能(如稳定性、有效性等)的影响；需要利用数据和实证方法量化分析多利益相关者在协同过程中的交互复杂关系，以及各主体在创新过程中的具体角色扮演和功能地位。

1.4 研究内容与方法

1.4.1 研究内容

在分析国内外工程项目技术创新和多主体协同创新相关文献的基础上，本书立足于一般工程项目情境，以工程项目技术创新多主体为研究对象，结合工程项目技术创新共性特征，尤其是重大基础设施工程技术创新过程中迫切需要解决的理论和实践问题，围绕多主体交互关系展开研究，具体研究内容如下。

1. 工程项目技术创新多主体交互关系相关理论分析

结合一般创新概念及分类分析工程项目技术创新的概念及内涵，提炼工程项目技术创新的特点，归纳总结工程项目与企业技术创新的区别与联系；梳理协同学和社会网络相关理论，针对研究问题分析相关理论在本书中的具体应用；结合工程项目技术创新多主体交互关系的内涵，构建工程项目技术创新多主体交互关系的理论分析框架。

2. 工程项目技术创新多主体协同关系形成机理

对工程项目技术创新多主体系统呈现出的网络化特征进行分析，并借鉴复杂产品系统(CoPS)特点，剖析技术创新过程中参与主体以及主体间关系的复杂性，从网络角度刻画系统结构；构建关系-互动-协同的内在逻辑关系，分析工程项目技术创新主体协同效应产生的过程；基于 Logistic Growth 模型，构建工程项目技术创新主体协同演化模型，验证创新主体协同效应的作用过程；借鉴 BA 网络生成算法，构建工程项目技术创新主体协同关系网络演化模型，通过数值模拟揭示工程项目技术创新主体协同关系网络结构特征，验证前文对系统结构的理论分析。

3. 工程项目技术创新多主体联结关系测度

依据社会网络理论提出工程项目技术创新多主体联结关系的测量维度；应用社会网络分析方法，从网络结构、网络位置和关系能力三个方面构建网络测量指标体系，并探讨网络指标在工程项目技术创新过程中的实践意义；结合具体算例构建工程项目技术创新主体网络，测度并分析整体网络和个体网络；分析主体联结方式对网络性能的影响，定量测度创新主体在工程项目技术创新过程中的角色和功能地位，探讨影响信息、知识等创新资源整合的关键组织节点。

4. 工程项目技术创新多主体间的互动规律

借鉴网络级联效应理论，提出工程项目技术创新协同级联效应概念；分析技术创新过程中项目参与主体个体接触、协同决策的复杂动态互动作用模式；结合 Watts 网络级联模型，运用社会网络的建模思维，合理抽象创新主体互动过程，构建工程项目技术创新协同级联效应模型；利用计算机仿真方法模拟不同工程项目组织网络结构、不同初始采纳个体数量与角色情境下个体间互动演化过程；分析工程项目技术创新协同级联效应的敏感性；探讨创新主体互动关系作用下多主体协同创新的关键影响因素。

5. 工程项目技术创新多主体交互关系案例分析

根据前文的理论分析和模型推导，以工业化项目"北京金域缇香"和工业化建造技术创新为案例，应用网络指标测度案例背景下建立的任务指令网络与技术咨询网络的网络属性，识别技术创新过程中起关键作用的组织节点，从而验证本书构建的测量指标体系的适用性；通过案例中协同级联效应分析，验证工程项目技术创新协同级联效应模型及敏感性；构建工业化建造技术创新多主体交互关系模型，对其进行数据分析、模型拟合和假设检验，根据模型的标准化路径系数，分析利益相关者间的相互作用关系和强度。从管理者个人层面、组织层面、网络层面提出提升工程项目技术创新主体协同能力的策略建议。

1.4.2　研究方法

本书借鉴工程项目技术创新和多主体协同创新研究的相关理论成果，采用社会网络分析方法，综合运用文献检索、深度访谈、问卷调查、仿真模拟，系统深入地展开研究。具体研究方法如下：

1）文献评述。系统总结现有理论成果，分析工程项目技术创新主体及其关系的复杂性，剖析协同关系形成的内在机理。

2）深度访谈和问卷调查。通过调研获取关系数据，构建工程项目技术创新主体网络，测度技术创新过程中主体间联结方式对协同效应的影响。

3）网络科学研究方法。探讨工程项目技术创新多主体系统的网络结构，并对创新主体联结关系进行测度，识别关键组织节点及其在创新过程中所扮演的角色和功能；借鉴网络级联效应（Cascade Effect）理论，构建工程项目多主体协同创新级联效应模型，分析多主体间互动关系。

4）数学建模与仿真。利用计算机仿真方法，借助 Matlab 软件平台，结合创新主体之间的互动模式，模拟工程项目技术创新协同级联过程，探讨影响协同级联效应的关键因素。

5）案例分析。结合工程项目技术创新实例，利用本书提出的分析与测度方法对案例进行研究。

1.4.3 技术路线

通过现有网络、国内外学术期刊数据库等文献资源，充分查阅与本书相关的研究资料，深入了解本课题的研究现状和发展趋势，合理借鉴与本书相关的最新研究成果，紧密结合工程项目技术创新管理实践和多利益相关者背景，采用社会网络分析方法对工程项目技术创新主体交互关系开展深入研究。具体技术路线如下：

1）采用文献检索的方法。文献检索的范围主要集中在工程项目技术创新研究的理论成果、管理科学领域协同创新的理论成果、网络科学方法研究协同创新问题的理论成果三个方面。对工程项目技术创新和多主体协同创新两个方面的理论研究成果进行梳理，发现现有文献的研究趋势与不足。

2）在对研究对象与范围进行界定的基础上，对工程项目技术创新多主体交互关系研究的基础理论进行分析，构建工程项目技术创新多主体交互关系理论分析框架。

3）依据网络科学理论，将工程项目多主体及其关系看作一种网络结构，从创新的系统性角度考虑，采用社会网络分析方法，研究测度协同创新网络相关指标，构建多主体协同创新行为的网络分析框架，为分析工程项目技术创新多主体协同网络运行规律提供科学依据。

4) 通过深度访谈和问卷调查对工程项目技术创新多利益相关者进行调研，根据访谈结果和问卷调查收集的数据建立工程项目多主体联结的邻接矩阵，运用 UCINET6.0 将邻接矩阵数据转换为网络直观图，并计算网络测量指标，量化网络拓扑结构属性，分析关键主体在创新过程中的角色与功能，更加直观地表述多主体之间的相互关系。

5) 采用数学建模方法构建工程项目技术创新协同级联效应模型，应用计算机仿真技术对工程项目技术创新协同级联效应的敏感性进行分析。

6) 采用案例分析的方法，对工程项目技术创新多主体交互关系进行实证分析，验证本书所提出的理论和方法。

技术路线如图 1-5 所示。

1.5 研究创新点

本书融合网络科学相关理论，借鉴协同创新研究的理论成果，研究工程项目技术创新多主体交互关系，发展工程项目技术创新理论。主要特色和创新之处有：

1) 建立了工程项目技术创新主体协同关系网络演化模型，揭示了协同关系网络结构呈现幂律分布特征。从复杂产品系统(CoPS)的角度，分析工程项目技术创新多主体结构及创新主体间关系的复杂性；结合协同学理论，通过构建关系、互动、协同三者的逻辑关系，分析工程项目技术创新多主体协同效应产生的条件与过程；采用 Logistic Growth 模型，构建工程项目技术创新主体的协同演化模型，刻画了多主体协同效应的作用过程；基于 BA 网络形成模型算法，考虑相关性和吸引力两个因素的影响，构建工程项目技术创新主体协同关系网络演化模型，建立模型仿真方法，揭示了工程项目技术创新主体协同关系网络结构呈现幂律分布特征。

2) 构建了工程项目技术创新主体网络模型，提出了衡量创新主体角色与功能的关系能力指标量化分析方法。在分析工程项目技术创新主体网络构成要素、创新主体联结关系测量维度的基础上，构建了工程项目技术创新主体网络模型；

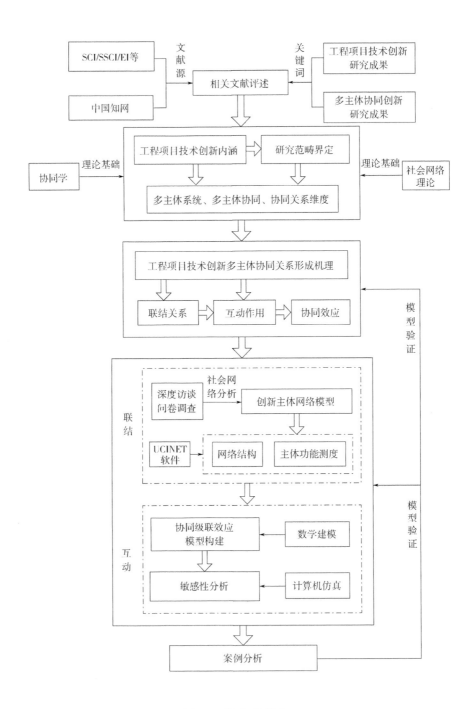

图 1-5 技术路线图

结合社会网络分析方法，基于网络结构和网络位置测量指标，建立了衡量技术创新主体角色和功能的关系能力指标量化分析方法；结合具体算例构建了工程项目技术创新主体网络，根据构建的网络测量指标体系对整体网络和自我中心网络进行测度，并从整体网络结构、个体节点功能以及主体间联结方式三个方面对网络特征进行分析；提出了利用网络数据量化测度工程项目技术创新主体联结关系和角色功能的方法。

3）提出了工程项目技术创新协同级联效应的概念，构建了工程项目技术创新协同级联效应模型，揭示了创新主体互动规律。借鉴网络级联效应理论，结合工程项目技术创新高度集成性特点，将工程项目组织网络和技术创新任务联系起来，提出工程项目技术创新协同级联效应概念；深入探讨了工程项目技术创新过程中创新主体之间的个体接触、协同决策的复杂动态互动作用模式，将协同级联效应产生过程合理地抽象成创新主体互动过程，为协同级联效应模型建立提供理论依据；结合 Watts 网络级联模型，构建了基于主体互动的工程项目技术创新协同级联效应模型，利用数值计算机仿真方法对组织网络结构（网络的类型、规模、平均度）和初始采纳个体属性对协同级联效应的影响进行敏感性分析，揭示了主体互动规律。

第 2 章

工程项目技术创新多主体
交互关系理论分析

本章结合一般的创新概念对工程项目技术创新的内涵与特点进行分析，阐述工程项目技术创新多主体交互关系研究的相关理论及其在本研究中的应用。通过剖析工程项目技术创新多主体交互关系的内涵，构建工程项目技术创新多主体交互关系研究的理论分析框架，为后续研究奠定理论基础。

2.1 工程项目技术创新的内涵与特点

2.1.1 工程项目技术创新的内涵

1. 工程项目技术创新的概念

相关学者从不同的研究视角对创新进行定义。第 1 章提到，目前被广泛认可的创新概念是由经济学家约瑟夫·熊彼特在其著作《经济发展理论》中提出的。他认为，创新是建立一种新的生产函数，即把一种从来没有过的生产要素与生产条件的新组合引入生产体系中[88]。随着创新研究的逐渐增多，学者们从不同视角对创新展开探讨，表 2-1 总结了创新的主要类别。

表 2-1 创新的主要类别

代表性分类方法	创新类别	创新的定义
创新的双核理论[133]	技术创新	产品、服务以及生产工艺技术方面的创新
	管理创新	组织结构以及管理流程方面的创新

（续）

代表性分类方法	创新类别	创新的定义
激进创新理论[134]	突变创新	与已有实践相偏离的根本性的或突破性的变革
	渐变创新	与已有实践偏离不大的变革
创新的双边理论[135]	初始阶段	问题识别、信息搜集、态度形成以及进行评估和资源配置的阶段
	实施阶段	为了形成组织流程而延续创新初始阶段或者采用新的创新对创新活动进行完善
经济合作发展组织OECD创新调查[136]	组织创新	在组织内部及外部关系中的创新
	技术创新	产品创新和工艺创新
	市场创新	新的营销方式的实现
创新采纳的特征[137]	创新广度	在特定时期内，在所有可用的创新中组织所采纳的创新的数量，反映的是创新的范围
	创新速度	在时间上对创新的采纳

上述对创新的分类，主要是依据创新的性质、类别、过程等。由于研究角度不同，对其概念的界定也有所不同。根据约瑟夫·熊彼特的创新理论，创新就是建立一种新的生产函数，即把一种从来没有过的生产要素与生产条件的新组合引入生产体系中。他将技术创新描绘为新产品的开发和新方法、新工艺的采用等，区别于开拓新市场的市场创新和采用新组织管理形式的制度创新。技术创新是从一种新思想或新发现的产生到概念形成、研究、开发、生产制造、首次商业化和扩散的过程，包括从某种新设想的产生，经过研究开发或技术引进、中间试验、产品试制和商业化生产到市场销售这样一系列的活动。技术创新的内涵强调创新的"过程"与"结果"，即引进新设想（New Idea）并最终实现市场价值。根据研究目的的不同，可以从多个角度对技术创新进行分类，具体类别和定义见表2-2。

表2-2　技术创新的类别和定义

分类角度	类别	技术创新的定义
创新程度	突破性创新	导致投入、产出或者流程中根本性或者显著改变的创新
	渐进性创新	对现有技术渐进的、连续的创新

（续）

分类角度	类别	技术创新的定义
创新对象	产品创新	在产品技术变化基础上进行的技术创新
	工艺创新	在生产（服务）过程技术变革基础上进行的技术创新
变动方式	结构性变动	技术（产品或工艺）要素结构或关系方式的变动
	模式性变动	技术原理的变动

国外对建筑业相关创新的研究起步较早，大约从 20 世纪 60 年代就开始出现有关这方面内容的文章，涉及材料、技术、管理等广义上的建筑创新（Construction Innovation）。1987 年，建筑创新的概念第一次出现，是指建筑企业初次使用的新技术。随着创新研究在工程建设领域逐渐受到重视，国外学者从不同角度对工程建设领域创新的概念进行了界定，作者、年份及具体的概念界定见表 2-3。

表 2-3　国外学者对工程建设领域创新的概念界定

作者	年份	概念界定
Tatum[43]	1987 年	建筑企业初次使用的新技术
Freeman[138]	1989 年	广义上认为组织发展中某一过程、产品或者系统的新颖改进，可定义为创新
Cerf[139]	1993 年	应用创新的设计、方法或者材料提高生产力
Slaughter[30]	1993 年	任何正在使用的新事物
Crisp[140]	1997 年	特定企业对新创意的成功探索，不局限于技术创新，也可以与流程、营销及管理创新相关
Toole[31]	1998 年	新兴技术应用，通过减少安装成本、提高安装性能和改善商务流程三方面，显著提升设计和生活空间的建造品质
Mottawa[141]	1999 年	使新创意转化为建筑新组成要素的流程，具有经济、功能或技术价值
Dulaimi[70]	2002 年	为解决建设问题、提高效率或居住标准引入的新想法、技术、产品或过程的行为

对比表 2-3 中列出的定义，总结得出工程建设领域创新的以下特点：

1）涉及的创新类别不局限于技术创新，还包括管理创新。

2）多数概念并没有明确创新主体，只有几个定义明确提出是建筑企业创新行为。

3）这些定义中提到的创新目的包括提高生产力、解决建设问题、提高工程项目绩效，由于研究层面不同导致创新目的存在差异。

4）大多数概念都界定了"新"的特点，或创造，或采纳应用新的技术、产品、流程等。

以上这些特点体现出工程建设领域创新研究在类别、过程、性质等角度存在差别。与一般的创新概念不同，工程建设领域创新更强调创新的目标性、时效性和战略性，其发生过程可能在企业层面、行业层面或者项目层面，既具有技术的特性，也具有工程的特性。所以，对工程项目技术创新概念的界定，只有充分考虑以上要素的影响，才能明确界定其范畴。

基于上述对创新、技术创新类别以及工程建设领域创新概念的分析，本书将工程项目技术创新的概念界定为：以工程项目为载体，建设主体通过研发新技术、改进现有技术、引入新技术等活动解决工程建设问题、实现工程目标或提高工程绩效的过程。其过程涵盖从技术创意（Idea）产生到项目价值实现。工程项目技术创新涉及众多不同专业的建设主体，各阶段、各专业之间相互影响，具有相互依赖性，体现出系统性特征。因此，从系统的角度看，工程项目技术创新是具有多主体性、非线性、动态性、集成性的复杂系统。

2. 工程项目技术创新的分类

结合工程项目技术的种类，可以将工程项目技术创新划分为 8 种类型，见表 2-4。

表 2-4　工程项目技术创新的 8 种类型

技术创新类型	创新内容
地基基础工程技术	灌注桩后注浆技术、复合土钉墙支护技术、大断面矩形地下通道掘进施工技术、高边坡防护技术等
结构工程技术	大型复杂模结构施工技术，模板式钢结构框架组装、吊装技术，大型钢结构滑移安装施工技术等
机电安装工程技术	管线综合布置技术、预分支电缆施工技术、非金属复合板风管施工技术等

（续）

技术创新类型	创新内容
信息化应用技术	建筑信息建模技术（BIM）、地理信息系统、高精度自动测量控制技术、施工现场远程监控管理及工程远程验收技术等
绿色施工技术	施工过程水回收利用技术、太阳能与建筑一体化应用技术、基坑施工封闭降水技术、建筑外遮阳技术等
新型建造模式	工业化建造技术
新设备技术	施工装备及配件、检测仪器、模板及脚手架、安全防护设备等
新材料技术	新型墙体材料、建筑围护材料、保温材料、绝热材料、高强高性能混凝土、新型防水材料、节能环保材料等

3. 工程项目技术创新的过程

描述工程项目技术创新过程的目的在于发现创新过程中的普遍规律，确定不同阶段创新参与主体及主体的创新活动。创新过程包括从决策到研究开发、商品化、扩散、决定采纳、应用、产生效果的全过程[142]。工程需求是推动技术创新的重要因素，工程项目技术创新是典型的需求拉动型创新。由于技术创新过程伴随着工程项目建设阶段展开，创新需求可能产生于工程项目前期决策阶段，由业主根据工程实际情况提出采纳某项技术创新或改进某项技术的需求；也可能出现在项目建造阶段，当建设任务出现计划外情况需要调整项目目标时，从而带来技术创新需求。结合一般创新过程的定义、工程项目技术创新产生的原因以及 Tatum 提出的工程项目技术创新过程模型[43]，本书将工程项目技术创新过程划分为 4 个阶段：创新识别、方案设计、创新实施和技术推广。工程项目技术创新的过程与具体内容如图 2-1 所示。

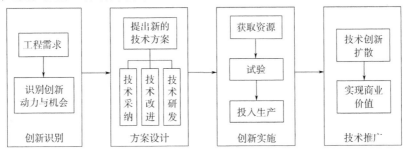

图 2-1　工程项目技术创新过程

工程项目技术创新过程的阶段划分受项目周期的制约，具有明确的时间约束性，其阶段划分与项目阶段的划分紧密相连。

1）创新识别阶段。根据工程需求提出技术创新设想，主要由业主和设计单位共同提出。其中，业主是市场信息的提供者，同时也是创新设想的主要决策者；设计单位是技术创新设想的主要提出者。创新识别一般发生在项目的前期研究决策阶段。

2）方案设计阶段。提出具体的技术方案，包括工程项目的主要技术性能及指标、工程项目拟采用的主要技术方案等（包括主要结构方案、主要施工方案、新材料的主要技术指标等）。方案设计主要发生在设计阶段。

3）创新实施阶段。获取资源，进行技术研发，包括对施工工艺的试验与研究、新材料新设备的研发与试制、应用生产等，主要在施工阶段完成。

4）技术推广阶段。将各类研发试制成功的技术在其他项目中进行推广扩散，主要是在项目的运营阶段实现商业价值。

2.1.2　工程项目技术创新的特点

工程项目的实施具有多阶段（决策、设计、施工）和跨组织（投资者、建设单位、设计单位、总承包商、供应商等）特点，其实施主体是项目团队。项目团队是以完成一项建设项目为目标，由承担不同任务的独立参与方组建起来的临时联盟（Coalition）。工程项目技术创新由众多具有专业背景的创新主体经过多个阶段的研发工作完成。创新主体之间关系复杂，与企业层面的技术创新和行业层面的技术创新都存在差别，是一个人、技术和环境相互作用的过程，具有系统性、多主体性、组织临时性特征，其主要特点如下。

1. 系统性

工程项目建设活动涉及设计、施工、维护等多个生产环节，以及不同专业技术的协调与集成应用。工程项目技术创新集成性强，可以分为多个阶段，贯穿工程项目的整个生命周期。项目决策阶段制订技术创新方案，随着工程项目建设需求的改变，后期的建筑方案、结构方案、关键技术方案的设计都是对前期方案的进一步细化和深化，并根据工程建设需求进行持续不断的创新。工程项目技术创新涉及众多不同专业技术背景的建设主体，多主体之间相互联系、相互作用，存在着错综复杂的内部关系。因此，从系统角度来说，工程项目技术创新又是一种系统创新。

2. 多主体性

工程项目的实施过程包括前期规划、设计、施工、运营维护等多个阶段，涉及多种技术的整合。工程项目的多阶段性导致技术创新有众多主体参与，包括建设单位、设计单位、总承包商、科研单位、政府部门、材料设备供应商以及专家顾问等。由于工程项目任务的相互依赖性，技术创新过程的每一个环节都需要其他环节的协作、配合，涉及众多主体的参与。在工程项目建设的不同阶段，创新主体网络也会发生变化，会出现原有创新主体的退出、新创新主体的加入等动态演变。

在工程项目可行性研究阶段，科研机构是创新活动的主要参与者，参与前期技术创新相关可行性问题的探讨，提出初步设想方案，制定技术创新战略，为项目顺利开展与实施做好充足的技术准备。工程项目设计阶段，设计单位是工程项目技术创新活动的主导者，其创新任务包括设定具体的技术创新指标，并提供解决具体技术问题的设计方案和技术文件。工程项目建造阶段是参与主体最多的阶段，总承包商与各类分包商合作，将设计单位、供应商以及科研单位提供的创新性生产要素进行合理配置，实现技术创新。

3. 组织临时性

工程项目技术创新是由一个为了完成某个项目而成立的临时性组织来完成的。项目团队开始组建时，该临时性团队将来自不同组织的多个领域的技术知识进行整合与集成。项目结束后，临时性组织解散，创新主体也随之分散，这些创新主体不一定能在未来的同类项目中再次集结，知识不会连续整合，因此技术创新很难连续、系统地进行。这种知识扩散过程不利于新知识的转移，也不利于组织对新知识的吸收和再创新，是一个知识流损耗的过程。

2.1.3 工程项目技术创新与企业技术创新的比较

工程项目技术创新的实现离不开建筑企业的参与，依赖于建筑企业的同时又区别于企业技术创新，工程项目技术创新与企业技术创新既互相区别，又互相联系。

1. 工程项目技术创新与企业技术创新的区别

（1）创新驱动、过程、组织形式、扩散方式

1）工程项目进行创新主要是基于项目目标的需求，或源于起初的建设单位需求，或在进行程中遇到技术攻关。其价值追求是多元化的，有科学价值、经济价值、社会价值、生态价值等。而企业开展技术创新的目的除了服务于项目，还需要通过技术创新赢得技术声誉、开拓业务、提升企业核心竞争力、提高企业社会经济效益。

2）工程项目具有唯一性，其流程是一次性的、独特的，等同于单件定制产品。完成创新的整个研发过程，产品随即成型，其研发和制造过程融为一体，不具备单独的研发过程。企业进行一项技术创新，要经过发明构想、中间试验到小批量试制，直至大批量生产。其流程是可重复的一般工作程序，最终生产出新的产品或工艺，而后批量推入市场，其过程是程序化的。

3）工程项目技术创新不太可能由单独的一家企业研发完成，通常是由多职能、跨企业的项目团队协同合作完成。企业一般通过投资科研直接研发创新[143]，其执行主体是单独的实体企业。企业可能会将相关业务进行外包，但会自己掌控核心业务。

4）工程项目技术创新产品本身的研制和扩散是统一的，创新和扩散没有明显区别，技术的扩散通常是以内嵌在其中的各种模块技术形式向外扩散，从而引起技术升级，推动产业发展，最终提升竞争力。企业技术创新的扩散形式是产品本身被竞争对手模仿，进而产生其经济影响。

（2）创新实现要素

工程项目层面，技术创新体现技术集成性特征，是各类创新主体技术创新成果的集成过程，既可以是一种新材料、新设备、新工艺的合作研发过程，也可以是在项目建设过程中初次采纳一项成熟技术。因此，工程项目层面的技术创新更侧重对组织内外各种关系的处理，参与主体间的互动与协同是其实现的关键。企业层面的技术创新，其成败与市场、文化、战略、组织、管理、资源、制度、信

息等非技术因素密切相关。这个层面的协同创新研究主要关注制度、组织、文化等要素的创新与技术创新的匹配，这些要素的协同对技术创新的成败起着关键作用。工程项目技术创新与企业技术创新的区别见表2-5。

表2-5　工程项目技术创新与企业技术创新的区别

因素	工程项目技术创新	企业技术创新
创新驱动	项目需求 建设单位需求	服务项目 企业利益追求
创新过程	系统集成性 高度柔性	自我研发、产学研合作 格式化、程序化
产品特征	一次性、单件定制 生命周期长	大批量生产 生命周期短
参与组织	以项目为基础 项目团队式结构	以职能活动为基础 科层制结构
协同要素	多组织协作	制度、市场、文化要素的匹配

2. 工程项目技术创新与企业技术创新的联系

工程项目技术创新与企业技术创新之间具有互为条件、相互促进的内在联系。工程项目具有明确的起止时间，在有限的时间内很难开发出工程项目所需的各种技术，所以必须依靠各类建筑企业长期的技术积累。因此，工程项目技术创新是对包括建筑企业在内的各类创新主体技术创新成果的集成，建筑企业的技术创新是工程项目技术创新的基础；工程项目是建筑企业技术创新的执行体，建筑企业是工程项目技术创新的采纳者；工程项目的技术创新需求决定了建筑企业技术创新的发展方向，建筑企业的技术创新需要应用到工程项目上才会得到预期的回报，建筑企业具备的技术创新能力影响工程项目技术创新的实现效果；建筑企业内部的技术创新成果必须导入工程项目才能实现其商业价值，企业内部的技术创新活动与工程项目技术创新活动共同构成建筑企业技术创新的全过程。工程项目技术创新与企业技术创新的联系如图2-2所示。

建筑企业是典型的项目型组织（Project Oriented Organization）。项目型组织围绕项目开展具体工作，以项目为载体创造价值并营利，它是以项目作为组织生产、创新和竞争活动的基本单元的一种组织形式[144]。在本没有相互依赖性

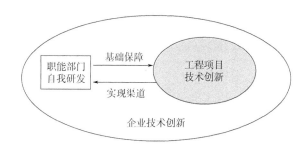

图 2-2　工程项目技术创新与企业技术创新的联系

的、独立的建筑企业之间，项目赋予他们一定的任务依赖（Task Interdependency）关系并把他们聚集到一个项目团队中。可见，项目是设计和构建知识之间的交流桥梁，并具有整合不同资源、技术的作用。

　　工程项目技术创新过程虽然以单独的项目形式实现，却不简单地局限在项目范围内。工程项目技术创新的参与主体来自各类建筑企业，在技术创新过程中由企业做出创新采纳决策，具体的执行过程则是以项目为载体，由众多来自建筑企业的团队协同实现。Winch 将这种由企业提供新想法进而在项目中实现的过程称为项目研发过程（R&D），"企业-项目"的关系就像"研究者-实践者"（Researchers-Practitioners）[145] 的关系。这种工程项目技术创新的实现过程是一种自顶向下的"采纳-实现"过程。工程项目技术创新过程源于项目，当在项目进程中遇到阻碍时，项目团队会针对具体问题通过研讨、试验等方式提出新的技术加以解决。这种特定的解决方案最终会由企业进行归纳总结，形成一项技术创新，将来会被应用到其他项目中。通过自底向上的"解决问题-学习"的过程，可以实现工程项目技术创新。Winch 提出的工程项目技术创新过程如图 2-3 所示。

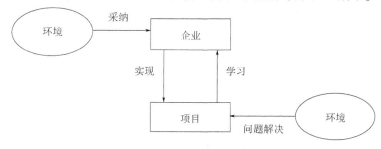

图 2-3　Winch 提出的工程项目技术创新过程[145]

在工程项目技术创新过程中，企业和项目都是重要因素，主要原因是企业流程与项目流程存在着密不可分的关系。建筑企业内部业务流程为项目流程提供资源支持和组织平台，而项目流程又反过来为企业内部业务流程提供信息反馈。通过企业(总承包商)与合作伙伴、用户之间的互动沟通，创新思维从合作伙伴、用户处转移到企业(总承包商)处，形成新的想法(Idea)，经过企业战略决策后再以工程项目为载体实施。工程项目技术创新是一项集企业战略过程、职能过程、技术过程和项目过程于一体的整体协作活动，技术资源流如图2-4所示。

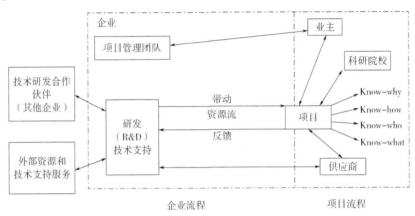

图 2-4   工程项目技术创新的技术资源流

2.2   工程项目技术创新多主体交互关系研究理论依据

2.2.1   协同学

协同学(Synergetics)是由德国物理学家赫尔曼·哈肯(H. Haken)创立的。他将协同学解释为"协调合作之学""协同工作之学"，其中心议题是讨论支配某一系统结构和功能的自组织形成过程的普遍原理。赫尔曼·哈肯于1971年提出系统协同学思想，发现系统发展演化中存在一个普遍原理，即在任何系统中，均依靠有调节、有目的的自组织过程使千差万别的子系统协同作用，并产生新的稳定有序的结构。即无序就是混沌，有序就是协同，在一定的条件下，有序和无序之间会相互转化，这是一个普遍规律。协同学也叫协和学，是一门新兴的学科，横跨自然科学和社会科学，适用范围非常广泛。协同学属于系统论的一部分，以系统论、信息论、耗散结构理论、突变论、控制论等现代科学的最新理论为基础。

协同学研究的是一种复杂的、非平衡的开放系统，系统内部与外界环境进行资源、信息的交互，探讨内部子系统怎样协同才能形成有序的结构，其目的是建立一种用统一观点去处理复杂系统的概念和方法[146]。协同学认为，系统由多个独立的子系统构成，子系统之间进行能量、物质和信息的交换，形成非线性作用，导致系统结构有序演化，最终整合成一种新的结构。这种整体效应是一种新功能，是单个子系统所不具备的。协同学研究开放系统怎样从原始均匀的无序态发展为有序结构，或从一种有序结构转变为另一种有序结构。赫尔曼·哈肯发现，不论是平衡相变还是非平衡相变，系统在相变前之所以处于无序均匀态，都是由于组成系统的大量子系统没有形成合作关系，各行其是，杂乱无章，不可能产生整体的性质。而一旦系统被拖到相变点，这些子系统会迅速建立起合作关系，以很有组织性的方式协同行动，从而导致系统发生宏观性质的突变。

协同学强调通过各个要素、各个创新行为主体复杂的相互作用，产生单独的要素或主体所不能达到的整体效果，即协同效应。协同效应是系统内部子系统间通过协同合作，形成一种新的超越单独个体作用整体聚合作用。对于协同效应的表现形式，相关学者给出了不同的解释。协同效应相关概述见表2-6。

表2-6 协同效应相关概述

作者	内容与主题
Ansoff[89]	战略管理投资、多元化、资源组合等分析的协同效应
Haken[147]	系统的各部分之间互相协作导致结构有序演化
Porter[148]	资源共享、业务关联性的价值链协同
Goold & Campbell[149]	共享资源、协调的战略、垂直整合、谈判和联合等六种协同方式
Itami[150]	区分互补效应(有形资源的使用与协同效应(隐性资产))；划分静态与动态协同效应

（续）

作者	内容与主题
Buzzel & Gale[151]	从企业群的角度阐述协同效应创造价值的基本方式：共享、外溢、相似性与共同形象
Kahn[152]	整合分为互动和协作，协作比互动对绩效的影响更大
Bendersky[153]	互补性系统是各成分之间有相互作用并减轻各个成分限制性，能产生非线性的效力提高
Gittell & Weiss[154]	组织内与组织间协调
Tanriverdi & Venkatraman[155]	从资源相关性和互补性分析协同效应

赫尔曼·哈肯将协同学的基本原理分为不稳定性原理、序参量原理和役使原理。

1）不稳定性在新旧结构转换中起重要的媒介作用，由此产生序参量，序参量又导致役使原理。系统自组织取决于少数序参量，涨落在系统结构演化中发挥着必不可少的关键作用。涨落是系统演化的诱因，没有涨落，系统就无从认识新的有序结构，就没有非线性相干作用的关联放大和序参量的形成，也就不可能有系统的进化。不稳定性原理揭示的是一种模式的形成意味着原来的状态不再能够维持，从而变为不稳定的状态。协同学承认不稳定性具有积极的建设性作用，不稳定性充当了新旧结构演替的媒介。

2）序参量原理中主要是运用相变理论中的序参量替代耗散结构理论中熵的概念，作为刻画有序结构的不同类型和程度的定量化概念和判据，以描述和处理自组织问题。可用序参量的大小描述系统有序程度的高低。在协同学中，赫尔曼·哈肯借用序参量作为系统宏观有序程度的度量，并用序参量的变化刻画系统从无序向有序的转变。序参量与系统的整体状态相对应，是由系统本身的具体运动或集体行动产生的。

3）役使原理（Slaving Principle），又称为支配原理，是协同学的核心。役使原理的基本思想是：在系统自组织过程中，在临界点上，一个或几个序参量一旦处于支配地位，就会拥有主导优势，迫使其他因素或状态服从它们的支配。

A 方的属性支配着 B 方的属性，使 B 方丧失自己原有的某一属性，而以 A 方的属性为自己的新属性；或 A 方的属性同化了 B 方的属性，使 B 方的属性与 A 方的属性相同[147]。

2.2.2　社会网络理论

社会网络(Social Networks)的研究起源于英国，于 20 世纪 30 年代兴起，与社会人类学研究存在密切的关系。社会网络理论来源于早期的涂尔干的社会结构理论，他认为社会中个体的互动关系以及互动中所产生的结构支撑着社会的运转。"社会网络"这一概念最先由英国人类学家 Brown 提出并修正，是现代网络理论研究的起源。他把社会(文化)看成由各个部分在功能上整合的系统，社会网络是由一群行为组成的结构，在这个结构中，行为人通过一系列关系相连。社会网络的绝大多数定义都包括两个基本组成部分。例如，"社会结构可以表述为网络——包括一系列节点(或社会系统的成员)和一系列描述它们之间关联性的关系"[156]。即使行为人都相同，不同类型的关系也可以形成不同网络。行为人之间特定的关系形成一个特定的网络结构——该网络的模式或形式。社会网络理论以不同的观点看待社会结构，视社会结构为一张人际社会网，"节点"(node)代表一个人或一群人组成的小团体，"线段"(line)代表人与人之间的关系，用社会网络分析方法分析其结构特性。

社会网络是由相互联系的社会行动者形成的相对稳定的关系结构[157]，行动者间的关联关系是社会网络理论的基本成分。社会网络反映行动者之间的社会关系，行动者通过社会联系彼此相连，联系的范围和类型都很广泛，联系模式可能是友谊、建议、交流或支持等[158]。网络具有复杂特征：首先，网络结构具有复杂性。网络节点之间通过各种关系形成联结，在多种联结方式作用下形成一种结构形态。节点之间多种多样的联结方式，造成网络结构的复杂性特征。其次，网络节点具有复杂性。因为网络一般由大量的节点构成，各节点的属性、状态都不尽相同，存在多种多样的表现形态，产生非线性作用。最后，节点与关系之间的交互影响具有复杂性，节点属性的变化造成关系的改变，同时关系的改变又会给节点的功能和作用带来变化，这种互动关系造成了整体网络的复杂性。由于社会网络分析体现了问题指向的整体主义方法论原则，分析的对象不是行动者本身，而是由行动者关联组成的实体，关注行动者间互动问题。在社会网络分析中，行动者的可观测属性是通过个体之间的关系结构得到理解的。行动者之间的关系是主要的，行动者的属性是次要的。不同的社会网络体现不同的社会关系类型，并以互动联系为研究基础。

社会网络理论中，任何一个网络都涵盖一系列基本构成要素，包括：行动者(Actor)代表关系的执行主体，既可以是个人，也可以是组织或集体；抽象为网络中的节点(Node)；行动者之间的联结方式被称为关系纽带(Relational Tie)。关系为网络主体输送信息、知识等资源，为网络主体带来重要的机会。同时，关系在互动中不断扩展以至重新构建。关系内容(Relational Contents)包括多种形式，如合作关系、交换关系、竞争关系等。网络关系决定了网络的静态结构，网络结构决定了网络的动态特征。本书介绍三个基本结构指标：平均路径长度、集聚系数、度分布。

图和矩阵是对社会网络进行表达和分析的方式。在图论中，网络可以抽象为一个二元组 $G = (V, E)$，集合 $V = \{v_1, v_2, \cdots, v_N\}$ 称为点集，集合 $E = \{e_1, e_2, \cdots, e_M\}$ 称为边集。d_{ij} 表示节点 i 和 j 之间的距离，其测量方法是通过两个节点的最短连接路径的边数来进行测度。L 表示网络的平均路径长度，是网络中一对节点之间距离的平均值，在网络图中代表一对个体之间最短路径链接上存在的节点数量，计算公式为

$$L = \frac{1}{N^2} \sum_{i=1}^{N} \sum_{j=1}^{N} d_{ij} \qquad (2-1)$$

簇系数又称集聚系数，是测度网络集聚程度的指标。网络集聚性是指如果网络中的一个行动者分别与两个行动者连接，那么这两个行动者之间有可能也存在联系。应用图论语言来描述，C_i 代表节点 i 的集聚系数，描述的是网络中与节点 i 直接相连的所有节点之间的连接关系。例如，网络中与节点 i 相连的点有 k_i 个，这 k_i 个节点就称为节点 i 的邻居节点，邻居节点间最大可能存在的边数为 $k_i(k_i - 1)/2$ 条。如果节点 i 直接相邻的节点间实际存在的边数为 E_i，则节点 i 的集聚系数表达式为

$$C_i = \frac{2E_i}{k_i(k_i-1)} \tag{2-2}$$

度(Degree)是描述网络中单个节点属性的一个重要概念,节点的度是与它邻接的节点数。在有向图中,一个节点可邻接至(Adjacent to)另一个节点,也可邻接自(Adjacent from)另一个节点。节点的度可以分为出度(Out-degree)和入度(In-degree)。其中,出度指的是节点向网络中其他节点发起连接的数量;入度指的是网络中其他节点向该节点发起连接的数量。网络的平均度是指对网络中所有节点的度求平均数,记作$\langle k \rangle$,其表达式为

$$\langle k \rangle = \frac{1}{N}\sum_{i=1}^{N}k_i \tag{2-3}$$

度分布(Degree Distribution)是网络的另一个重要统计特征[159]。分布函数$P(k)$描述网络中所有节点的度分布情况,表示的是网络中任一节点的度正好为k的概率。在大部分现实网络中,其度分布符合幂律分布$P(k) \propto k^{-\gamma}$。由于幂律分布也被称为无标度分布,通常将具有幂律分布特征的网络称为无标度网络。在一个度分布为具有适当幂指数(一般而言,$2 \leqslant \gamma \leqslant 3$)的幂律形式的大规模无标度网络中,绝大部分节点的度相对较小,只有少数节点的度相对很大。几种典型的网络度分布状况[160]如图2-5所示。

2.2.3　相关理论的应用

工程项目技术创新涉及众多参与主体,协同学的理论方法能够有效解决多主体协作过程中存在的诸多问题;社会网络是由相互联系的社会行动者结成的相对稳定的关系结构,能够体现现实中的个体以及个体间的关系。协同学和社会网络理论对于研究工程项目技术创新主体协同行为以及主体之间的交互关系起理论支撑作用。

工程项目技术创新多主体的协同可以看作是在协作的基础之上参与各方将彼此的合作纳入一个系统中,设立共同的目标以实现创新的方法,将系统目标作为个体的共同愿景,最终形成一个以技术创新为目标的协作系统。系统要素协同的结果,是由无序状态变为有序状态这一动态过程的相对稳定的表现形态。

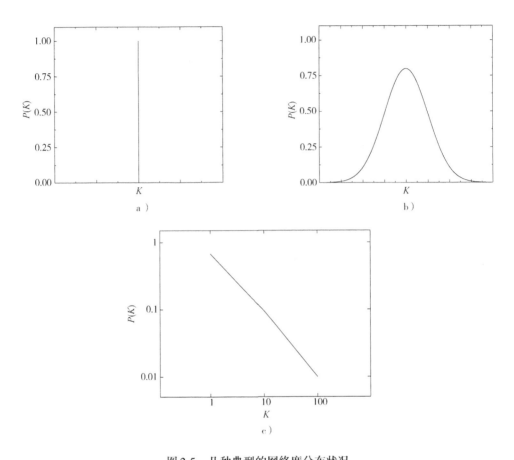

图2-5 几种典型的网络度分布状况

a) 规则网络的度分布　b) 随机网络的度分布　c) 无标度网络的度分布

应用协同学的理论方法，能够更好地解释多主体协同效应形成以及实现路径。

工程项目技术创新多主体交互关系形成机理，即多主体间形成相互联系的基本原理以及多主体的运作方式。可以将创新主体在技术创新过程中因交换资源、传递信息而建立的各种关系总和看作网络，进而应用社会网络理论对创新主体构成的结构和联结方式进行分析。工程项目技术创新多主体协同不仅主体内部结构复杂，而且与外部环境联系广泛，是人流、物流、资金流、信息流不断运动的开放系统，因而可以应用协同学相关理论分析多主体协同运作下协同效应形成的基本原理。

工程项目技术创新多主体的联结关系呈现网络化特征，应用社会网络分析中社会网络图(Sociogram)的描绘、可视化和统计功能,可以更加形象、量化地分析工程项目技术创新主体联结关系属性。基于社会网络中的网络指标测量方法,能够测度主体在网络中的位置,量化分析各主体在工程项目技术创新过程中所扮演的角色。

工程项目技术创新多主体的互动关系体现了主体间的交互作用状况。个体对创新的感知依赖于其在网络中所处的位置和网络结构,其行为将直接影响邻居个体对技术创新的态度和采纳决策。以社会网络理论的整体主义方法论原则为指导,结合社会网络属性特征模拟创新主体之间的互动关系。相关理论的应用如图 2-6 所示。

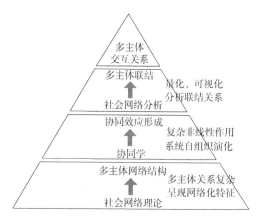

图 2-6　相关理论的应用

2.3　工程项目技术创新多主体交互关系的内涵

多主体交互关系是指具有独立行为的各主体在协同过程中呈现的内在联系和相互作用模式,可以看作主体之间相互关联、相互作用的方式与过程,实质上是一种自组织协同模式。多主体彼此间通过资源、知识或信息交换等方式相互作用,促使多主体间形成一种整体效应或者一种新型结构。工程项目技术创新多主体交互关系反映了在协同过程中多主体间相互依存和制约的程度。

多主体交互关系产生于主体相互协作的过程中,最终使整体具备新的结构和功能。创新主体及其关系构成的多主体系统是交互关系产生的客体基础；协同效应是多主体交互关系运行的功能目标；交互关系网络是多主体经由交互关系所呈现出的形态特征。多主体交互关系取决于主体之间的联结方式和互动过程。其中，主体间的联结方式体现静态结构特征；互动过程则是动态整合过程。工程项目技术创新主体之间的联结是创新相关的知识、信息等资源的重要来源，而主体之间的互动则是建立在联结基础之上的知识转移和交互学习的过程。多主体协同实现技术创新不仅与主体间的静态联结关系有关，还要依靠主体之间的互动过程产生协同效应。基于以上分析，本书从工程项目技术创新多主体系统构成、多主体协同功能以及多主体交互关系维度三个方面对工程项目技术创新多主体交互关系的内涵进行分析。

2.3.1　工程项目技术创新多主体系统构成

"系统(System)"一词来源于希腊文 systēma。从中文字面看，"系"指关系、联系，"统"指有机统一，"系统"则指有机联系和统一。多主体系统是由一组分别担任不同角色的主体在一定关系作用下耦合而成的整体。工程项目技术创新多主体系统是指由工程项目多利益相关主体及其关系构成的，在工程项目建造过程中对技术创新活动进行策划、设计、实施和协调，进而形成的相互配合、联系紧密的整体。

多主体系统是由多要素构成的，包括若干层次的动态复杂系统。系统通过主体自身的活动及其相互之间的交互活动构成整体活动，从而产生系统整体功能目标。在多主体系统中，每个主体的资源和能力都是有限的，为了实现系统的整体设计目标，多主体之间需要进行交互和协作。系统结构是构成系统的要素或子系统及它们之间相互关系的总称[161]。工程项目技术创新多主体系统结构由参与创新的主体及其之间的关系两部分构成。

1. 创新主体

创新主体是指创新活动的主要执行者，包括具有创新能力的、参与创新实践活动的个人和组织。制造业企业一般通过投资科研直接研发创新[143]，而工程项目技术创新不能由单独个体独立完成，而是需要众多专业背景建设主体参与，经过多个阶段的研发、实践工作完成。工程项目技术创新各个阶段创新任务的差异性导致技术创新涉及众多参与主体。本书将工程项目技术创新过程划分为识别创新、技术方案设计、实施创新、技术推广4个主要环节。与这4个环节联系最紧密的利益相关主体包括：建设单位、设计单位、总承包商、科研单位、咨询单位、供应商、分包商、政府部门、监理单位。工程项目技术创新是典型的需求拉动型创新，不同的创新需求导致技术创新各阶段参与主体有所差异。随着工程项目技术创新活动的开展，会出现原创新主体退出和新创新主体加入的现象，各阶段创新主体的功能和角色也会有所不同。由于项目实施阶段产生的技术创新需求具有不可预见性，不同阶段的创新主体难以准确界定，本书只列出创新构想产生于工程项目决策阶段的技术创新参与主体，见表2-7。

表 2-7　工程项目技术创新参与主体

	建设单位	设计单位	总承包商	科研单位	咨询单位	供应商	分包商	政府部门	监理单位
识别创新	√	√		√				√	
技术方案设计	√	√	√	√					
创新实施	√	√	√		√	√	√		√
技术推广	√					√		√	

不同阶段所涉及的创新主体在工程项目技术创新过程中扮演着不同的角色，发挥着不同的作用。例如，设计单位、总承包商、分包商作为技术导入者，将外部先进技术进行导入和转化；供应商是主要技术供应者，根据工程项目技术创新的需求为之提供新材料、新设备或技术服务；科研单位作为技术支持者，通过开展基础性或专门性研究为工程项目的技术创新提供直接或间接的技术支持；业主或者受业主委托的总承包商作为倡导者，为技术创新投入资金，对工程项目技术创新全过程进行管理，并享有技术创新成果及其带来的回报。

2. 创新主体之间的关系

关系是工程项目技术创新多主体之间相互影响、相互依存的基础。由于工程项目技术创新伴随着工程项目的开展与实施，因而创新主体之间的关系依附于工程项目组织之间的关系，具有网络结构特性，即由建设供应链主导的网络关系。这种网络关系承载着项目过程中的物流、信息流、资金流、价值流等。因此，工程项目技术创新实质上是利用建设供应链主导的项目组织网络关系实施创新行为。多主体协同过程是供应链整合的过程，是创新主体利用供应链纵横交错的网络关系进行知识整合从而实现创新的过程。

项目组织之间的关系形式既有正式合约形式，也有非正式合约形式。其中，正式合约形式包括供应链上下游各环节间所形成的交易联系，如建设单位与设计单位签订合同委托其进行方案设计，通过招标选择总承包商完成工程施工，与设备制造与供应商签订采购合同购买工程建设所需的各种材料资源；总承包商将工程非主体部分包给分包商，向材料设备供应商采购材料、租赁设备，以及与科研单位间在共同参与的技术合作或转让过程中形成技术交易联系。传统制造业企业之间的交易联系具有明显界限，是纯粹的买-卖关系。而在项目临时性团队中，总承包商与其他组织之间的交易联系是非市场机制的[23]，其关注的重点是与其他组织之间的协调机制。传统的合约联系是多主体协同创新的基本关系。由于工程任务之间具有高度依赖性，存在施工单位之间的项目相衔接或者关联项目同时段施工的特点，要在执行相互依赖任务的组织之间进行协调沟通。所以，除了正式合约形式下的交易关系外，主体之间还存在非正式合约形式的供需关系、协作配合关系，如设计单位向总承包商(分包商)提供设计方案的供需关系，以及分包商之间的协作配合关系等。

2.3.2 工程项目技术创新多主体协同及其功能

协同的英文表述包括 Synergy、Collaboration、Cooperate with 等，中文表述有"合作"(Cooperation)、"协调"(Coordination)、"协作"(Collaboration)、"协商"(Negotiation)等与"协同"极为相似的几个概念。Ansoff 在 *Corporate Strategy* 提出协同(Synergy)概念，认为协同是各独立组成部分汇总后的整体表现，其核心是创造个体不能实现的价值[87]。协同学奠基人 Haken(1971)提出协同理论，指出协同是复杂系统内各子系统之间通过同步协调、相互合作等协同行为产生超过子系统单独作用的联合作用，形成"1+1>2"的协同效应[149]。一般意义上，协同是指协调两个或者两个以上的不同资源或者个体，协同一致地完成某一目标的过程或能力。简单地说，协同是指具备不同资源的多个个体协调一致完成目标的过程或能力。

协同概念的外延涵盖了主体间的合作（Cooperation）、互动（Interaction）与整合（Integration），协同是以上行为整合的最终结果。合作强调的是主体之间的配合，创新主体通过协调配合完成创新任务；互动是通过主体之间的沟通交流相互影响，在技术创新过程中是以知识、技术、信息等创新资源的传递和扩散为基础；整合是一种一体化的过程，突破多主体间的壁垒，实现多方资源集合。

工程项目技术创新多主体协同是围绕技术创新目标，多主体共同协助、相互补充、配合协作的创新行为。其核心思想是"整合"与"互动"："整合"是工程项目技术创新多主体达成一体化的过程，主体间知识、资源、行动等要素彼此衔接，实现合作过程的连贯性与一致性；"互动"是工程项目技术创新多主体间动态学习的过程，多主体间通过互惠知识共享、资源优化配置、行动最优同步[90]实现多主体合作行为匹配。

工程项目技术创新多主体之间通过整合、互动实现物质、能量、信息交换，使整个多主体系统产生整体效应，即协同效应。该效应实现了个体不能实现的工程项目技术创新目标。协同效应作用下的新型多主体架构能够满足技术创新的需求，主体之间的协作能力加强，各行为主体能够彼此传递信息并以获得的信息为基础进行技术创新活动。协同效应具体如下。

1. 互动整合效应

工程项目技术创新过程是以工程项目为载体，贯穿于项目实施的不同阶段。由于工程任务的高度相互依赖性，致使技术创新与前向和后向技术相互依赖。执行相联任务的主体要在特定时间和空间背景下彼此合作、相互影响，提高整体的整合效应。工程项目供应链的各个环节都可能成为技术创新的源泉，供应链上下游主体之间的频繁互动有利于创新活动中子任务之间更好地衔接，形成一个切合的耦合链接模式，有效克服个体的单边缺陷，使供应链内的主体功能得到整合加强。各创新主体通过相互协作、互动交互、共同开发，充分发挥不同类型主体整合在一起所带来的整体优势，促进创新要素最大限度地整合，最终实现整体协同效应。

2. 信息共享效应

信息共享使多主体环境从信息不对称转向信息沟通与信息分配，为技术创新提供良好的外部环境[162]。基于信息共享，组织可以通过获取和利用其他组织的信息，获得解决问题的方法和工具。信息共享是多主体跨组织协作的前提，为多主体互动和资源的整合提供基础。供应商与承包商之间的关系主要是通过市场交易提供资源供给而构建的。在工程项目技术创新过程中，需要交易环境实现信息共享，使得承包商能向供应商传达所需要的创新性材料、设备等。供应商只有在接收到信息并意识到市场需求的情况下，才会按照设计的要求对项目进行技术攻关，提供相应的技术服务或产品。承包商应与供应商充分沟通、交流，定义所要完成的技术创新产品，共同制订产品实现方案，提高创新的成功率。

3. 共同愿景效应

共同愿景是团队成员发自内心的共同愿望或意愿。真正的共同愿景能够使全体成员紧紧地团结在一起，淡化人与人之间的个人利益冲突，从而形成一种巨大的凝聚力。共同愿景来源于成员的个人愿景，但又高于个人愿景，建立在成员共同价值观的基础上，是对组织发展的共同愿望，并且这个愿望不是被命令的，而是全体成员发自内心想要争取、追求的。它使不同个性的人聚在一起，朝着共同的目标前进。对于工程项目技术创新，多主体之间达成共同的愿景显得尤为重要。多主体只有具有共同愿景，才能有共同的、清晰的创新目标，从而增强技术创新战略的认同感。参与主体本身的环境认知能力是创新活动中决策行为的关键，获得良好技术创新效果的前提是有共同的目标和战略导向。跨组织项目团队受共同目标的驱动而进行跨组织协同，从而有利于新产品开发和技术创新[163]。只有建立交互关系，多主体拥有共同愿景，创新主体才能更好地发挥各自的优势，取长补短，相互学习，实现创新。

2.3.3 工程项目技术创新多主体交互关系维度

工程项目技术创新多主体是独立行为个体，相互联系和影响，呈现出静态联结和动态互动关系。联结关系反映了多主体间的关联方式，互动关系则体现了多主体间的交互作用状况。本书从多主体之间的联结(静态)和互动(动态)两方面分析工程项目技术创新过程中的多主体交互关系。

1. 多主体联结关系

技术创新源于多主体间的知识溢出与信息交互，关系是知识与信息扩散的载体，是主体间进行有效知识转移和学习的前提。多主体通过关系进行交流是信息在多主体间扩散的过程，技术创新对信息扩散的效果和效率有很大的依赖性。因此，多主体间形成彼此紧密的联系有利于拓展知识、信息的扩散范围。工程项目参与主体涉及多专业背景，导致技术创新过程中需要多学科知识转移，主体的关系资本成为技术创新的基础资源。联结作为创新主体间静态关系的属性，联结的方式和内容影响着多主体协同创新的效果。

关系能力(Relational Competence)体现了主体对网络资源的运用能力，缔造了不同层次的网络资源、网络位置资源和网络结构资源的交互影响。网络资源是由网络的联结关系所决定、依赖于各种网络关系的调动[164]。网络资源具有共享性的特征，为网络成员之间所共享；可以将网络看作一种过程，通过网络关系转移知识资源，这一过程产生于网络行动者间互动。网络资源与网络关系之间存在着密不可分的联系。网络关系的联结机制促使网络主体获取共享性资源，并在主体间产生网络资源互动，网络关系是网络资源的载体。

主体以网络嵌入性的形态来获取创新机会、资源与信息，实现关系资本效应。在网络中，关系能力推动关系资源转换为关系资本，是行动者获取创新资源并与网络中其他主体协同创新的具体实现路径。关系能力作用下主体联结效应的发挥如图2-7所示，关系能力影响行动者之间的交流互动效率以及知识分享水平[160]，影响创新主体间的互动整合与信息共享效应的发挥。

2. 多主体互动关系

联结关系是多主体间存在的一种静态关系，静态关系的产生是主体互动的结果。互动关系是联结关系发挥功能的渠道。在工程项目技术创新过程中，创新主体之间的行为是分散的、复杂的，且具有相关性。多主体间频繁且有效的互动能够增强主体间的契合程度，从而促进主体间的相互协调与相互适应。工

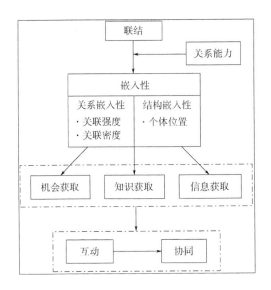

图 2-7　关系能力作用下主体联结效应的发挥

程项目技术创新主体分散在工程项目的设计、施工及其他分项工作等多个环节。通过多主体互动提高行为匹配度，使得多主体行为在分散环境下呈现有序状态，完成阶段性创新任务的配合与衔接。互动关系描述了创新主体的行为变化对其他主体行为产生影响的过程，互动关系呈现出的规律影响着多主体协同效果。

级联效应（Cascade Effect）是指人们在依次做出决策时，后者可以观察到前者的决策行为，此时前者会对后者传递相关信息，使后者放弃自己原本掌握的信息，转而根据前者的决策做出推断。可以用技术创新协同级联效应来诠释工程项目技术创新主体的互动。互动是指网络中节点之间的信息交流、资源和利益共享过程。主体之间的互动反映了嵌入网络中的任一行为主体通过关系纽带对其他主体行为产生影响。在技术创新过程中，通过多主体之间的互动进行知识、信息、资源等要素的转移和扩散，因此可以将创新扩散视为网络中个体之间交互作用的动态过程。

创新扩散过程反映了创新决策者采纳行为整体效应的时空展开过程。主体的采纳行为是创新扩散的微观基础，创新扩散的宏观基础是社会网络。个体对创新的感知依赖于其在网络中所处的位置和网络结构。主体在网络中的位置、地位决定了个体在网络中的行为方式及其所能聚集、整合和配置的资源数量。

处于核心位置的网络主体，其信息传播与获取更具有支配性作用，其行为决策将直接影响邻居个体对技术创新的态度和采纳决策。网络结构的核心——外围特征使网络呈现中心节点的辐射效应，也是技术创新过程中参与主体之间的重要互动模式。通过辐射效应，中心节点的力量逐渐影响外围及周边个体，最终推动整体效果实现。

个体的从众心理是主体互动作用的一个重要方面，来自网络的从众压力对个体决策行为的影响来自三个方面：当主体所处网络中创新采纳个体数量很多时，就会吸引更多的潜在采纳个体采纳；当创新效用存在模糊性时，潜在采纳个体会主动搜集创新信息更新自己的创新观念；个体会由于所处网络带来的压力而模仿其他人的行为。网络结构影响潜在接纳者所感知到的从众压力的大小，影响潜在采纳个体接收到创新信息的顺序及其采纳顺序，进而影响创新扩散的程度以及创新系统目标一致性的共同愿景效应。

联结关系与互动关系不是两个完全独立的过程，这两种关系之间具有相互影响、相互作用的关系，以一种非线性的形态协同合作，推动多主体相互协作、协同一致。联系是互动的基础，影响主体间的互动学习效率；主体间的互动又会增强主体间的密切程度；多主体互动过程立足于主体间的联结结构，结构又会影响互动整合效果。这两种关系相辅相成，交织成多主体交互关系，影响多主体协同创新效果。

2.4　工程项目技术创新多主体交互关系理论分析框架

基于工程项目技术创新多主体交互关系内涵的分析，本书提出工程项目技术创新多主体交互关系的理论分析框架，如图2-8所示。首先，剖析多主体协同关系的形成机理，即多主体间形成相互联系和相互作用的基本原理及运行方式，包括从系统的角度分析多主体协同的客体基础——系统结构，多主体协同运作下协同效应的形成过程、作用过程以及创新主体协同关系网络的演化过程。其次，从多主体之间的联结（静态）和互动（动态）两方面剖析多主体交互关系。最终，发现主体之间通过什么样的联系和相互作用模式实现多主体协同效应。

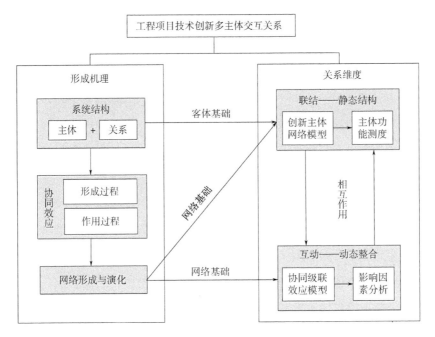

图 2-8　工程项目技术创新多主体交互关系理论分析框架

2.5　本章小结

本章结合一般创新概念及分类，对工程项目技术创新的概念及过程进行界定，提炼工程项目技术创新的特点，总结工程项目与企业技术创新的区别与联系；分析协同学与社会网络理论在本书研究中的具体应用；从工程项目技术创新多主体系统构成、多主体协同及其功能、多主体交互关系维度三个方面分析工程项目技术创新多主体交互关系的内涵；构建工程项目技术创新多主体交互关系的理论分析框架，为工程项目技术创新多主体交互关系的研究奠定理论基础。

第3章

工程项目技术创新多主体
协同关系形成机理

工程项目技术创新多主体协同关系形成机理是指多主体围绕工程项目技术创新活动开展协同运作的方式，以及多主体间形成相互联系的基本原理。本章将从多主体结构、多主体协同效应和多主体协同关系网络三个方面对工程项目技术创新多主体协同关系形成机理进行分析，具体包括：在网络视角下分析工程项目技术创新多主体呈现的网络化特征，剖析多主体的复杂性；从多主体协同的角度分析协同效应形成过程和作用过程；结合工程项目技术创新的特点，分析创新主体协同关系网络形成过程，构建工程项目技术创新主体协同关系网络演化模型，分析网络结构特征。

3.1 工程项目技术创新多主体结构分析

3.1.1 工程项目技术创新多主体的网络化特征

工程项目技术创新多主体及其关系构成了复杂的多主体系统。系统由多个组成部分或要素构成，各组成部分(要素)通过相互作用和相互依赖的关系产生特定功能[165]。系统的特征包括三个方面：系统由若干要素组合而成；各构成要素之间相互作用、互相依赖；系统具有特定的功能。基于对系统内涵的分析，工程项目技术创新多主体系统总体呈现以下网络化特征。

1. 构成要素复杂

制造企业一般通过投资科研直接研发创新[143]，而建筑企业需要与其他企业以项目为载体协作完成创新，各类创新主体创新成果的集成构成工程项目技术创新。工程项目建设活动涉及设计、施工、维护等多个生产环节，具有投资规模大、建设周期长、参与主体多、涉及专业范围广等特点。这些特点导致工程项目技术创新任务和参与的组织数量激增，构成要素复杂多变。

2. 构成要素之间关系复杂

工程项目建设过程涉及若干项总任务及子任务，各项任务之间存在相互依赖关系。工程项目任务的高度依赖性，导致技术创新过程中的每一个环节都需要前向和后向环节的协作、配合，各环节之间相互影响、相互依赖。创新任务的高度依赖性必然导致参与主体相互之间关系的复杂性，如图 3-1 所示。在进行创新活动的过程中，环节 A 与环节 B 之间需要协作、配合，这些协同需求驱动参与组织之间进行信息、知识共享行为。

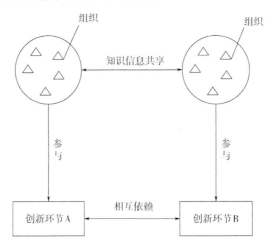

图 3-1　创新环节与组织共享行为的关系

工程项目技术创新多主体系统要素之间具有资源交换、知识共享、技术转移以及信息传递等相互作用、相互依赖的复杂关系，从而形成知识流、信息流、资源流等。这些流的渠道会影响流转的质量与速度，从而影响系统的创新行为。系统构成要素关系越复杂，信息、能量和物质交换就越频繁，要素之间的相互关系形成的知识流、资源流以及信息流等也就越错综复杂[166]。这些复杂的相互关系形成了网络型的资源共享和协同关系。

3. 系统整体具有特定的功能

将工程项目技术创新的要求作为系统的总体输入，将技术创新活动所需的机械设备与材料、技术、资金、信息、人力资源等作为具体的输入，经过一系列的信息传递、任务执行、资源整合、过程处理等，最终输出满足要求的创新产品。这一"输入-输出"的过程体现了工程项目技术创新多主体系统作为一个整体，通过一系列功能的实现最终完成工程项目技术创新总体目标。

基于工程项目技术创新多主体系统呈现出的网络化特征，可以得出以下结论：工程项目技术创新的主体（包括建设单位、设计单位、总承包商、分包商、各类材料设备供应商、科研单位、政府、咨询单位、专家、顾问等）相互联结与互动的关系呈现网状结构，如图3-2所示。

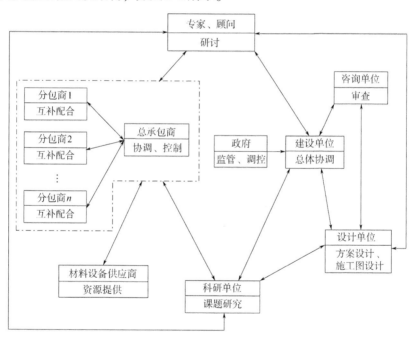

图3-2 工程项目技术创新主体的网络关系

3.1.2 工程项目技术创新多主体的复杂性分析

工程项目技术创新多主体的网络化关系，实际上就是多主体协同的运作过程。无论哪一种方式和过程，都需要充分考虑平台的构成要素、结构以及任务特点。工程项目技术创新多主体具有层次性，各个主体都是自主的，各个主体之间有多种类型的关联方式并随任务的不同而发生变更，其根本任务是为整体创造协同创新的环境和条件。

1. 创新主体构成的复杂性

工程项目团队是以完成工程项目为目标、由承担不同任务的独立参与方组建而成的临时性联盟（Coalition），是一个非独立经济体。由于各参与方是独立组织，在项目建设过程中都有其各自的利益追求与预期的收益。他们只是为完成一个建设项目临时组建的联盟体，具有一次性、临时性以及参与主体众多等特点，这导致建设项目的跨组织合作活动更具频繁性、动态性和复杂性，其特征与复杂产品系统相似。本书引用复杂产品系统的概念对工程项目技术创新多主体系统网络结构复杂性进行剖析。

复杂产品系统（Complex Product Systems，CoPS）由多个部分组成，经系统集成构成一个整体，属于多技术集成系统，是支撑生产、服务、贸易和分销的主要生产资料。由于 CoPS 的多部件构成特征，系统内部存在大量的知识和技术的输入输出，并且需要多个组织协调合作完成任务。这使得具有该特点的项目生产和创新具有高度复杂性，需由跨组织的多职能团队合作完成，而项目型组织（Project-based Organization）被认为是一种适合 CoPS 创新的组织形式[167]。

已经有相关学者从复杂产品系统创新的角度对工程项目技术创新的过程进行研究。继 1995 年第一次将复杂产品系统应用到飞行仿真行业创新后[168]，Winch 讨论了其在建筑业中的潜在应用性[145]；随后，Miller 将 CoPS 应用于大型工程项目[25]；Gann 基于复杂产品系统创新理论整合项目过程与企业流程，促进员工和项目团队间加强联系，以获取更多资源，提高企业技术创新能力[23]；近年来，Rutten 基于复杂产品系统的角度综述了组织间协作对工程技术创新的影响[169]。以已有研究成果为基础，本书从复杂产品系统的角度分析工程项目技术创新多主体系统中主要利益相关者间关系，对工程项目组织间集成及协同关系进行研究。

尽管工程项目技术创新主体众多，但"领导"个体仍占据整个网络的核心位置。"领导"个体并不一定具有核心能力，如在由政府主导的工程项目中，即使政府在项目建设过程中作为"领导"个体，但其并不具有开展工程建设的核心能力[170]。网络中的其他主体需要围绕"领导"个体开展活动。在复杂产品系统中，系统集成商(Systems Integrators)就是扮演着这样的角色。他将分散的组件、技术、资源、知识整合到一个系统中，通过系统集成增加价值。系统集成商的主要功能是建立组织网络，并协调网络成员对分散的资源进行整合。系统集成商是创新的上层建筑与下层基础的连接平台[168,170]：创新的上层建筑由客户、监管机构和专业机构组成；创新的下层基础包括材料设备供应商、分包商和专家机构。这些企业与科研单位间的联结关系并不完全通过市场机制进行配置，更多的是通过系统集成商这个"领导"组织机构来实现连接，逐渐形成多层次的社会网络[171]。系统集成商的决定性作用表现为负责人员调配、关系设置以及任务分工，如资源(内包与外包)以及关系的合同类型(正式与非正式)等问题的决策。同时，系统集成商负责协调网络中的组织工作，通过控制网络成员的活动(如设计、生产和研发)保证网络输出的一致性。综上，系统集成商在创新过程中扮演着网络构建(Network Set-up)和网络协调(Network Coordination)两种角色。

　　工程项目技术创新活动主要发生在项目前期决策、设计、施工三个阶段。项目不同阶段的创新主体有所不同，不同主体在不同阶段发挥作用的重要程度也不相同，图3-3描述了工程项目不同阶段技术创新主体角色的动态演变。在项目的设计阶段和施工阶段，设计单位和施工单位分别充当创新的核心主体角色，而总建筑师或工程师和总承包商共同担任系统集成者的角色[145]。这决定了工程项目具有两个独立的系统集成者，分散在设计阶段和施工阶段。在工程项目设计阶段，由设计单位制订实现技术目标的创新设计方案、明确技术创新内容和技术指标。这一阶段由设计单位组织开展相关技术攻关，确保设计方案与技术创新目标一致，并根据项目需求的变更调整技术创新内容。这种做法既整合了资源，又减少了主体之间的冲突。在施工阶段，由总承包商整合各方技术，将技术创新相关工作纳入总承包范畴。创新主体之间具有层次性和转换式，设计单位和施工单位既独立工作，又相互协同。从整体上看，创新主体之间具有相对独立性，但在具体的工程阶段又呈现出紧密的关联。

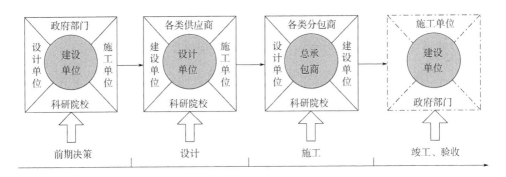

图 3-3　工程项目不同阶段技术创新主体角色的动态演变

2. 创新主体关系的复杂性

工程项目技术创新多主体系统是由系统集成商（Systems Integrators）、协作商（分包商、供应商、科研单位）、政府、用户构成的相互协调和互动的创新网络。网络中的创新主体可以分为三个类别：系统集成商、合作主体和一般供应商。不同类别的创新主体在网络中扮演着不同的角色，并存在明显的界限，主体的连接媒介也有所不同。在整个网络系统中，任何一个主体或子系统的改变都会影响整个系统。工程项目技术创新多主体系统由多个相互联系的子系统组合而成，子系统具有多样性和相互关联的复杂性，其表现出的整体网络性能不能等同于单个子系统的简单加和。

在工程项目技术创新多主体系统中，协作商是系统集成商的支持主体，二者在资源与技术能力上形成互补。从对技术创新的贡献来看，协作商也具备某项核心技术能力，但因受到某些因素的限制，其所拥有的技术能力与系统集成商仍存在很大的差距，不能指导整个系统，只能与系统集成商形成技术互补。在工程项目环境中，扮演协作商角色的是分包商、供应商和科研单位，他们与总承包商之间存在资源或能力互补的链接关系。总承包商为了更好地发挥自身优势，需要分包商、供应商以及科研单位提供资源及技术支持，他们之间的链接模式如图 3-4 所示。

分包商是总承包商的合作者。总承包商在选择分包商时会考虑分包商的专业技术背景，将一部分单项工程分包给他们。分包商所承担的工程任务并不是孤立存在的，与其他的工程任务之间具有相互依赖的关系，任务本身受到关联

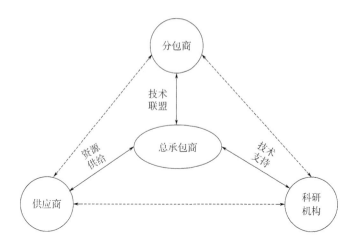

图 3-4　协作商在技术创新中的链接模式

任务的影响，同时也影响其他任务的完成效果。在项目实施过程中，承包商与分包商之间存在技术上的交流，以解决技术创新过程中的一些关键技术问题，保证技术创新顺利进行。在确定创新路径后，分包商的任务就是集中精力攻克本专业技术难关。分包商与承包商之间是技术联盟关系，在技术创新过程中不断地进行信息、技术和知识的沟通交流、资源共享，保证知识资源在技术创新系统中顺利流通。

供应商提供的新材料、新设备是工程项目技术创新的主要动力。Doreet 等对荷兰 20 世纪建筑业技术创新行为进行了统计分析，发现约占 2/3 的创新成果由供应商提供[37]。供应商与总承包商之间的关系主要是通过市场交易提供资源供给而构建的。工程项目技术创新过程中需要供应商提供材料和设备，以配合创新设计方案和施工工艺。供应商会根据工程项目技术创新的具体需求开展相关技术攻关，提供建设单位所需的独特技术服务或产品。

科研单位是指具有科研条件及基础的大学或科研院所，是新技术得以创造和扩散的基础平台，为工程项目技术创新提供新知识和新技术支持。科研单位在工程项目的不同阶段以多种形式参与工程项目技术创新过程：在项目决策阶段，进行创新方案策划，解决可以预期的工程施工技术难题，提供技术科研支撑；与设计单位、总承包商或供应商合作，为其提供技术服务。

因为存在资源、技术上的互补性，总承包商与分包商、供应商之间的关系并不完全是市场交易的关系，而是网络合作关系。网络合作关系与市场机制作用下的随机结合，与行政机制下的"捏合"不同，是具有自组织特征的"多元互补"[172]，适合工程项目技术创新主体之间的链接模式。

建设单位和政府职能部门也在工程项目技术创新过程中发挥了重要的作用。建设单位作为项目的主要参与方，也是工程项目技术创新的投资方。由于工程项目技术创新的初始成本较高，为了避免技术创新的额外成本和风险、追逐短期利润回报，很多建设单位会选择回避技术创新。而有创新经验的建设单位则倾向于与设计单位、承包商等建立长期稳定的合作关系，共同推动技术创新。建设单位与承包商、设计单位的创新合作关系不会随着某一个项目的结束而消失，而是会延续到下一个项目。在工程项目技术创新过程中，建设单位具有绝对的主导权，由其确定技术创新参与主体。建设单位会根据创新合作经验和收集到的客观信息来选择创新合作伙伴，并对合作伙伴进行监督，控制创新项目的进度和研发情况。创新合作的成功与否，将直接影响下一次合作关系的建立。

政府职能部门对工程项目技术创新起支持和推动作用。在政府性项目中，政府可以通过强制创新的手段来推动技术创新。在非政府性项目中，政府对技术创新的影响是间接的。由于技术创新存在额外成本，不确定性风险，短期的经济效益、环境效益和社会效益不显著等问题，制约了众多主体的技术创新积极性，政府可以通过制定相关的激励政策、提供技术研发资助等措施促进项目组织参与协同创新。

通过上述对工程项目技术创新多主体构成和关系复杂性的分析，本书提出工程项目技术创新主体的网络结构，如图3-5所示。工程项目技术创新主体网络由三部分构成：核心网络、辅助网络和外围网络。核心网络即创新主体之间的分工合作网络，包括水平网络和垂直网络。水平方向的前向链接关系是设计单位或施工承包商与建设单位之间的链接；后向链接关系包括总承包商与材料设备供应商之间的链接、设计单位与总承包商之间的链接。垂直方向的链接关系是总承包商与各专业分包商之间的链接，他们之间通过缔结资源、技术互补的链接关系共同提高整体创新能力。辅助网络是通过科研单位、咨询单位对核心网络的支持与服务关系而构建起来的。外围网络反映的是政府部门及外部市场与核心网络或辅助网络的连接。

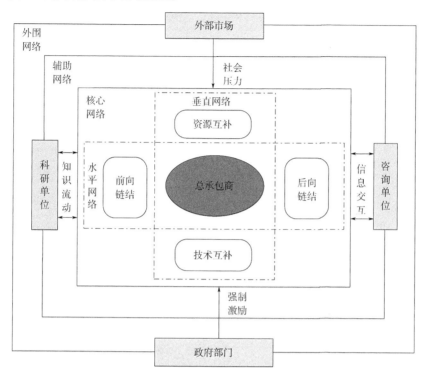

图 3-5　工程项目技术创新主体的网络结构

3.2　工程项目技术创新多主体协同效应分析

工程项目技术创新多主体协同效应是多主体协同的目标功能。功能的类型与强弱取决于系统的结构，并对结构有一定的依赖性，是具有特定结构的系统在内部组成部分的相互联系中所表现出来的特性和能力。工程项目技术创新多主体协同效应整合了各专业、各阶段、各任务执行主体的资源与技术，最终创造出各独立要素无法创造出的创新性产品、技术和新知识。从系统论的角度来看，协同效应作用下的新型架构能够满足技术创新的需求，创新主体之间的协作能力加强，各行为主体能够彼此传递信息并以获得的信息为基础进行技术创新。

3.2.1 多主体协同效应形成过程

通过 3.1 节对工程项目技术创新多主体网络化特征的分析，可以将工程项目技术创新多主体系统看作由项目利益相关者及其之间的联结关系构成的网络。用 $v(1)$，$v(2)$，$\cdots$，$v(n)$ 表示工程项目利益相关者，用 $g(i, j) = [v(i), v(j)](i, j \in (1, n))$ 表示 $v(i)$ 和 $v(j)$ 之间的关系，用集合 $V = \{V(i)\}$ 表示系统的构成主体，用 $G = \{g(i, j)\}$ 表示系统多主体之间的关系。网络意义下的工程项目技术创新多主体系统可以表示为

$$Z(n) = \{V(n), G\} \tag{3-1}$$

式中，$V(n) = \{v(i)/i = 1, 2, \cdots, n\}$；$G$ 表示 $v(1)$，$v(2)$，$\cdots$，$v(n)$ 之间存在的关系集合。

创新主体及其关系是工程项目技术创新多主体系统的基本构成要素。创新主体间具有相互影响、相互作用的复杂关系。多主体以及多主体之间多种多样的联结方式构成了形式各异的网络结构。同时，主体间的联结不是静态的，而是一种动态的复杂互动的过程，互动的结果产生了协同效应(Synergy Effects)。关系(静态)、互动(动态)与协同之间存在着逻辑关系。Johanson 和 Mattsson 构建了 JM 模型，描述了关系、互动之间的关系[173]，将节点间的联结关系与节点间的相互作用行为有机地联系起来。孙国强进一步完善了关系与互动的逻辑关系，增加了协同要素，构建了关系、互动与协同之间的逻辑关系模型[172]，如图 3-6 所示。主体之间的联结关系是多主体互动行为的基础，主体互动行为具有强化主体关系的作用；频繁互动促使主体之间相互适应，达成一致，实现协同，产生协同效应。

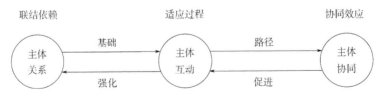

图 3-6 关系、互动与协同之间的逻辑关系模型

1. 关系——协同的起点

主体之间的关系是协同效应产生的起点，关系的存在使得两个主体之间产生相互作用，形成相互关联；关系所传递的知识、信息等内容的变化影响主体行为，促使主体状态发生改变。

关系的作用过程可以用数学描述来表示：$g_{ij}(t)$ 指网络节点 $v(i)$，$v(j)$ 在 t 时刻的作用因子，$v(i)$ 通过 $g_{ij}(t)$ 对 $v(j)$ 产生影响，使节点 $v(i)$ 和 $v(j)$ 之间产生关联，从而形成关系，如图3-7所示。

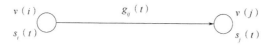

图3-7　节点间关系作用过程

关系方程如下

$$f(s_i(t), g_{ij}(t), s_j(t)) = 0 \tag{3-2}$$

式中，$s_i(t)$，$s_j(t)$ 分别表示 $v(i)$，$v(j)$ 在 t 时刻的状态。

联结强度是指主体之间联系的力度，即关系强度。网络主体之间的关系按照联结强度可分为两种：强联结和弱联结[174]。

强联结的优势在于能够推动主体之间的互动合作。强联结具有互动频繁、彼此间感情较深、联系密切、彼此互惠等特点。主体之间的强联结有助于成员之间的深度互动与交流，达成互助、合作、协调的高质量关系。基于信任和义务的强联结在获取代价更高、更难获取的资源方面更具有优势[175]。强联结的关系质量高，主体之间的相互沟通和信任有助于提高知识转移的数量，尤其是能够促进缄默知识的传递[176-177]，提供更多的发现市场机会的可能性。同时，强联结能够维系群体的完整性和稳定性，而持久稳定的强联结又能增进主体之间的相互信任和知识共享[123]，进而有利于群体绩效的提升。

弱联结虽然降低了互动与交往的频率，但是其功能是在群体之间或组织之间充当"桥梁"的作用，起组带性联系作用。弱联结的"桥梁"作用能够创造更多、更短距离的局部联结，从而扩大网络规模，使更多的主体相互关联、产生互动。比起强联结，弱联结发生于不同群体之间，能够避免群体内部成员之间因感知相似性造成传递信息重复性高的弊端，促使两个异质的群体之间产生多样化的信息交互。

2. 互动的结果——协同效应

协同效应是指系统内部各子系统之间通过非线性的互动作用，最终产生超越各独立子系统单独作用的整体效果。赫尔曼·哈肯创立的协同学认为，系统内部各子系统之间非线性的互动作用产生协同效应。要素间的非线性互动是推动系统有序发展的内部动力。

工程项目技术创新多主体系统是一个复杂的网络系统，多主体间的互动作用推动系统演化。每个主体都可以被视为互动网络中的一个节点，各个节点间存在直接或者间接的关系。主体的行为变化会影响与其联结的个体，从而触动整个关系网络。因此，在多主体协同创新过程中，主体之间的行为互为函数关系，主体行为的发生不仅是其自身能力的函数，也是其他主体行为的函数。

3. 协同效应产生过程

主体间的互动是复杂非线性相互作用，也是系统自组织进化的内在动力和源泉。协同是自组织的形式和手段，可以通过分析系统自组织的演化解释协同效应的产生过程。工程项目技术创新多主体系统自组织过程主要依赖于主体行为模式，各行为主体通过彼此间信息、知识、资源等的交换最终达到理想效果的系统组织。系统按照技术创新的需要由无序状态演化为有序状态，再从关键个体干预作用下的非平衡状态走向更为有序的系统状态，在不断地层次化、结构化过程中形成工程项目技术创新主体协同效应。

在工程项目技术创新多主体的自组织演化过程中，涨落是系统自组织的触发器。涨落因素来自两方面：一是主体之间的关系。由于主体之间的关系强度存在强联结与弱联结之分，联结形式也有直接连接和间接连接的差别，致使技术创新无论是在宏观的主体行为中，还是在微观的知识传递过程中，都有涨落现象的出现。二是主体本身。例如，建设单位对社会效应的感知、组织决策者的创新意识、政府政策的推动等因素都有可能诱导系统出现涨落。随着涨落的发展逐渐远离临界状态，原有的系统结构将会打破平衡状态，在非线性机制的放大作用下形成巨涨落，促使系统结构发生演进。非线性作用机制来自于主体之间的互动作用，主体的互动过程既是一个学习过程，又是一个适应过程。

在工程项目技术创新过程中，主体之间的互动形式包括信息、知识、资源等的交换。创新主体以学习的方式从外界获取新知识、接受新技术，同时也在不断地向其他组织扩散自己获得的知识、信息，形成一种与外界循环进行分享知识、获取知识的过程。在互动过程中，各创新主体逐渐定位各自的功能角色，重新形成系统的运作准则——序参量，从而促进创新主体形成协同效应。这里的协同是一种项目各利益相关者之间的界面协同，所谓界面是指多利益相关者之间的复杂关系[178]，在协同状态下，多利益相关者之间形成了协同关系。因此，工程项目技术创新多主体系统演化过程也是项目利益相关者之间关系演化的过程。工程项目技术创新主体协同效应形成过程如图 3-8 所示。

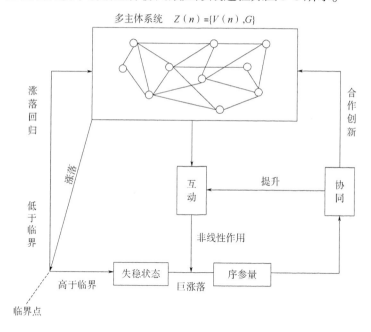

图 3-8 工程项目技术创新主体协同效应形成过程

3.2.2 多主体协同效应作用过程

工程项目技术创新多主体系统是一个动态的、开放的系统，系统的有序运行是多个主体相互协调、相互作用的结果。多主体协同效应促使系统演化，并带来积极的影响。可以通过系统的演化路径分析多主体协同效应发挥作用的过程。

在工程项目建设过程中，建设单位、总承包商、设计单位、供应商、科研单位等之间逐渐建立起稳定的供应链关系，最终形成一种相互依赖的共生状态。在稳定的协同关系作用下，众多主体在技术、管理等方面的合作和信息、知识、资源的共享等促进了技术创新生产率的提高，产生了协同效应，其过程符合以生物共生理论描述共生种群增长规律的逻辑斯蒂增长（Logistic Growth）模型特点。比利时学者 Verhulstyu 创建了 Logistic 模型，定义其是集群在有限环境下受环境制约且与密度相关的增长方式[179]。工程项目技术创新多主体协同演化公式为

$$\frac{\mathrm{d}X}{\mathrm{d}t} = ax\left(1 - \frac{x}{N}\right) \tag{3-3}$$

式中，方程左边的 X 代表工程项目技术创新的创新生产率；N 代表创新生产率的最大值；a 为创新生产率增值系数；方程右边的 x 为动态因子；$1 - \frac{x}{N}$ 为减速因子，取值随时间的推移而减少，说明多主体系统是非线性的，存在正负反馈机制。

系统主体建立关系时，通过知识和信息的转移、相互学习，主体自身在实现知识增值、提高创新生产率的同时也会对其他协同主体的创新生产率起到积极的促进作用。引入系统主体间的协同创新影响系数 f_{ij}，代表主体 j 对主体 i 创新生产率的贡献，建立方程式(3-4)描述工程项目技术创新主体协同创新过程，则在工程项目技术创新过程中，主体 i 的创新生产率可以表示为

$$\frac{\mathrm{d}x_i}{\mathrm{d}t} = a_i x_i \left(\frac{N_i - x_i}{N_i} + \sum_{j \neq i} \frac{f_{ij} x_j}{N_j}\right) \tag{3-4}$$

式中，x_i 为主体 i 在 t 时刻的创新生产率；a_i 为工程项目技术创新系统的固有增长率；f_{ij} 为主体间协同创新的影响系数；N_i 为主体 i 对工程项目技术创新系统影响的上限。

式(3-4)表示在一段时间内，工程项目技术创新多主体系统在创新主体协同效应影响下符合 Logistic 的 S 形曲线轨迹。$a_i x_i$ 是工程项目技术创新系统演化的

加速因子，$(N_i - x_i)/N_i$ 随着时间的增加而减小，是系统发展的减速因子。加速和减速因子的设置说明，工程项目技术创新主体系统具有正负反馈机制的非线性。

工程项目技术创新是众多主体协同创新的过程，设定系统内存在 n 个主体建立协同关系，则将式(3-4)按照单个主体为单元展开为

$$\begin{cases} \dfrac{\mathrm{d}x_1(t)}{\mathrm{d}t} = a_1 x_1 \left[1 - \dfrac{x_1}{N_1} + \sum_{j=2}^{n} f_{1j} \dfrac{x_j}{N_j} \right] \\[2mm] \dfrac{\mathrm{d}x_2(t)}{\mathrm{d}t} = a_2 x_2 \left[1 - \dfrac{x_2}{N_2} + \sum_{j \neq 2, j=1}^{n} f_{2j} \dfrac{x_j}{N_j} \right] \\[2mm] \vdots \\[2mm] \dfrac{\mathrm{d}x_n(t)}{\mathrm{d}t} = a_n x_n \left[1 - \dfrac{x_n}{N_n} + \sum_{j=1}^{n-1} f_{nj} \dfrac{x_j}{N_j} \right] \end{cases} \tag{3-5}$$

式(3-5)代表工程项目技术创新多主体基于 Logistic 模型的协同创新过程建模。工程项目技术创新多主体协同是一个动态的过程，建立主体协同模型是为了分析在主体协同过程中系统的变化趋势，反映协同效应的作用过程。为了方便分析，取两个主体(总承包商与设计单位)的协同过程进行分析，系统的协同模型为

$$\begin{cases} \dfrac{\mathrm{d}x_1(t)}{\mathrm{d}t} = a_1 x_1 \left[1 - \dfrac{x_1}{N_1} + f_{12} \dfrac{x_2}{N_2} \right] \\[2mm] \dfrac{\mathrm{d}x_2(t)}{\mathrm{d}t} = a_2 x_2 \left[1 - \dfrac{x_2}{N_2} + f_{21} \dfrac{x_1}{N_1} \right] \end{cases} \tag{3-6}$$

当两个主体形成稳定的协同关系时，系统处于稳定状态。利用微分方程的稳定性理论研究系统平衡态的稳定性，即对方程组的平衡点进行稳定性分析，令

$$\begin{cases} \dfrac{\mathrm{d}x_1(t)}{\mathrm{d}t} = a_1 x_1 \left[1 - \dfrac{x_1}{N_1} + f_{12} \dfrac{x_2}{N_2} \right] = 0 \\[2mm] \dfrac{\mathrm{d}x_2(t)}{\mathrm{d}t} = a_2 x_2 \left[1 - \dfrac{x_2}{N_2} + f_{21} \dfrac{x_1}{N_1} \right] = 0 \end{cases} \tag{3-7}$$

解方程组得到平衡点，$C_1(0, 0)$，$C_2(N_1, 0)$，$C_3(0, N_2)$，$C_4 \left(\dfrac{N_1(1+f_{12})}{1-f_{12}f_{21}}, \right.$

$\dfrac{N_2(1+f_{21})}{1-f_{12}f_{21}}$）。从经济学的角度分析：$C_1(0,0)$ 表示双方的创新率为 0，是协同的不稳定状态，这种协同是没有意义的；$C_2(N_1,0)$，$C_3(0,N_2)$ 表示其中一方的创新率达到最大值，而另一方为 0，这两种状态都是协同的不稳定状态，此时二者的协同行为没有意义；$C_4\left(\dfrac{N_1(1+f_{12})}{1-f_{12}f_{21}},\ \dfrac{N_2(1+f_{21})}{1-f_{12}f_{21}}\right)$ 表示总承包商和设计单位在协同合作的情况下，双方能够协同创新的稳定条件，这时协同创新趋向稳定状态。协同创新达到稳定状态的关键在于 f_{12}，f_{21} 两个指标，当 $f_{12}>0$，$f_{21}>0$，$f_{12}f_{21}<1$ 时，协同创新系统趋于稳定状态。此时，$\dfrac{N_1(1+f_{12})}{1-f_{12}f_{21}}>N_1$，

$\dfrac{N_2(1+f_{21})}{1-f_{12}f_{21}}>N_2$。这说明总承包商和设计单位通过协同合作促进创新率的增长，甚至高于 N_i，主体间产生了协同效应，系统创新效率高于任何一个单独个体的创新率。$f_{12}f_{21}<1$，存在三种情况，下面分别对这三种情况下的协同演化过程进行分析。

$f_{12}<1$，$f_{21}<1$ 时，系统的状态随时间演化如图 3-9a 所示，该图给出了初始点分别在 S_1，S_2，S_3，S_4 不同区域内趋向于均衡点的相轨道示意。当初始点位于 S_1 区域时，$\dfrac{\mathrm{d}x_1(t)}{\mathrm{d}t}>0$，$\dfrac{\mathrm{d}x_2(t)}{\mathrm{d}t}>0$，$x_1(t)$ 和 $x_2(t)$ 都是增函数，均衡点是 C_4

点，$\dfrac{N_1(1+f_{12})}{1-f_{12}f_{21}}>N_1$，$\dfrac{N_2(1+f_{21})}{1-f_{12}f_{21}}>N_2$，产生协同效应，两主体协同后的创新率均大于未协同时的创新率的最大值 N_1，N_2。当初始点位于 S_2 区域时，$\dfrac{\mathrm{d}x_1(t)}{\mathrm{d}t}>$

0，$\dfrac{\mathrm{d}x_2(t)}{\mathrm{d}t}>0$，$x_1(t)$ 是增函数，$x_2(t)$ 是减函数，在协同效应的作用下，$x_2(t)$ 不会一直减小到 N_2。

当 $f_{12}<1$，$f_{21}>1$ 时，设计单位对总承包商的促进作用增强，使得总承包商创新率在协同效应作用下的增长幅度大于设计单位创新率的增长幅度。如图 3-9b 所示，C_4 点相对于图 3-9a 中 C_4 点纵坐标的增长幅度大于横坐标的增长幅度。

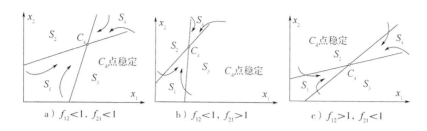

a) $f_{12}<1$，$f_{21}<1$ b) $f_{12}<1$，$f_{21}>1$ c) $f_{12}>1$，$f_{21}<1$

图 3-9 $f_{12}f_{21}<1$ 时协同演化轨迹图

当 $f_{12}>1$，$f_{21}<1$ 时，承包单位对设计单位促进作用增强，使得设计单位的创新率在协同效应作用下，增长幅度大于总承包商创新率的增长幅度，如图 3-9c 所示，C_4 点相对于图 3-9a 中 C_4 点横坐标的增长幅度大于纵坐标的增长幅度。

$f_{12}<1$，$f_{21}>1$，$f_{12}>1$，$f_{21}<1$ 两种情况均可以得出相同结论，当系统中一个主体的贡献明显高于另一个主体的贡献时，贡献小的主体会通过与其进行合作产生的协同效应提升自身的效益。

当 $f_{12}f_{21}>1$ 时，$C\left(\dfrac{N_1(1+f_{12})}{1-f_{12}f_{21}}, \dfrac{N_2(1+f_{21})}{1-f_{12}f_{21}}\right)$ 是负解，此情况只考虑 $f_{12}>1$，$f_{21}>1$ 的情况，协同演化轨迹如图 3-10 所示。

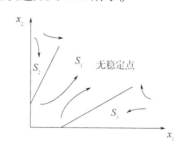

图 3-10 $f_{12}f_{21}>1$ 时协同演化轨迹图

通过对工程项目技术创新多主体协同稳定均衡状态的分析可知，工程项目技术创新主体在共生交互作用下逐渐建立起一种相互间信赖、双方受益的协同关系。协同关系作用下产生的协同效应可以促进创新主体效率的不断提高，并最终达到整体的最优资源配置，从而提高个体创新效率；同时，主体之间互动产生的协同效应优化了工程项目技术创新多主体系统结构，促使系统演化趋于稳定状态，实现系统价值提升。

3.3 工程项目技术创新主体协同关系网络演化

创新网络的产生缘于多主体系统结构的复杂性，是创新主体为适应系统复杂性的一种新型合作形式，由主体间的各种正式关系和非正式关系交织而成[180]。网络结构的形成机制是创新主体的关系[181]。工程项目技术创新多主体间错综复杂的关系交织成网络，形成协同关系网络。多主体通过网络关系获取资源，影响其他主体，通过相互协作实现协同效应。

3.3.1 创新主体协同关系网络形成过程

Barabasi 和 Albert 提出的 BA 网络形成模型利用增长机制和择优机制解释复杂网络中无标度性的形成[182]。BA 模型初始时刻假定系统中有少量节点，每个固定时间会新增一个节点与网络中的原节点相连接。原节点与新节点相连接的概率正比于原节点的度，即为择优连接。BA 模型算法描述如下：

初始状态：给定 m_0 个节点。

增长机制：每个时间步重复增加一个新节点和 $m(m < m_0)$ 条新连线。

择优机制：新节点按择优概率 $\prod(k_i) = k_i / \sum_j k_j$ 选择连接原有节点 i，k_i 是节点 i 的度数。

BA 模型揭示了现实复杂网络的两个重要特征：增长性和偏好连接性。工程项目技术创新主体协同关系网络作为一种复杂网络，同样具有上述两种特征。随着工程项目阶段性的发展，不断有新的主体参与进入网络，网络规模也在相应扩大。工程项目技术创新核心主体相比其他主体能与更多的节点相连接。工程项目技术创新主体协同关系网络符合 BA 模型的网络形成过程。但是，工程项目技术创新主体协同关系网络除了具有抽象网络的特征外，还是一个实际的关系网络，并不完全等同于 BA 网络。网络节点的连接与增长率还依赖于新加入节点与原有节点的相关性以及初始节点本身的吸引力。

如前所述，工程项目技术创新主体协同关系网络的形成与演化具有过程性，随着工程项目的进行，不同阶段会有新节点加入网络，也会有一些节点退出网络。并不是任何节点间都存在着直接的联系，组织之间是否能够连接，取决于他们所执行创新任务的相关性。能否建立协同关系还会受到主体本身创新意愿的影响，由于工程项目技术创新具有风险大、初始成本高、收益预期不确定等特点，参与组织并不一定会加入协同创新。基于以上两个特点，对 BA 模型进行改进，引入相关性和吸引力两个参数。

1. 相关性

理论上，BA 模型中的任何节点都可以直接连接，但是工程项目技术创新主体协同关系网络节点的连接取决于主体之间的相关性。多主体间相互依赖性在网络结构的演化过程中起到至关重要的作用。项目参与主体有其各自的责任与任务，在工程项目组织结构中扮演不同的功能角色，主体之间的相关程度决定着创新过程中协同关系的建立。

节点 i 与节点 j 之间的相关性用相关度 h_{ij} 指标进行测度，表达式为

$$h_{ij} = \frac{1}{|a_i - a_j|} \tag{3-8}$$

在该模型中，对每一个节点 i 赋予一个"位置"参数 a_i，用该指标测度两个个体之间的相近程度，且 $a_i \in R^n$。个体间的关联性越强，它们之间的相关性越大，相关度的取值也就越大。

2. 吸引力

工程项目参与主体对新加入网络的主体具有一定的吸引力，由主体本身的声誉、创新经验以及是否有过合作项目的经历等吸引因子决定。吸引因子的大小影响网络节点连接数量。令 β_i 为节点 i 的吸引因子，则 $\sum_{j \neq i}(\beta_j + k_j)$ 为网络中其余节点的度与吸引因子之和。用单位时间内获得连接数量的多少表示 β，即

$$\beta_i = \frac{n_i}{\Delta T} \tag{3-9}$$

综合考虑工程项目技术创新主体连接网络的特性，构建基于 BA 模型的复杂网络形成算法，与 BA 模型的主要区别是引入相关性和吸引力的影响，节点的连接概率取决于节点的度数与吸引因子两个因素。

3.3.2 创新主体协同关系网络演化模型

结合 BA 模型的网络构建方法，在工程项目技术创新主体协同关系网络演化过程中，新的参与主体加入协同网络时会根据已有个体与其相关性的接近程度选取节点进行连接，连接机制遵从择优连接规则，网络生成算法如下：

1）初始时刻（$t=0$），设定工程项目技术创新主体协同关系网络具有 m_0 个节点、e_0 条边。赋予每个节点一个随机的位置参数值 a_i（$i=1,2,\cdots,m_0$），且服从（0，1）之间的均匀分布。

2）每个时间间隔加入一个新节点 n，给其一个在（0，1）之间均匀分布的随机的位置参数值 a_i，新节点与已存在的 m 个节点连接（$m\le m_0$）。假设在已存在节点中与 j 具有较大相关度的 v_t 个节点构成一个局域世界 N_n，$m\le v_t\le t+m_0$。新加入节点的择优选择过程分为以下两个步骤：

①构建局域世界。$t+1$ 时刻，网络中有 $t+m_0$ 个节点，根据式（3-8）计算新节点 n 与已有的每个节点 i 间的相关度 h_{in}（$i=1,2,\cdots,t+m_0$）。选取相关度较大的节点组成新节点 n 的局域世界 N_n，N_n 中的每一个节点可能与新节点 n 构成新的连接。

②局域世界择优连接。在与新节点相关的局域世界中，设新节点 n 与 v_t 中的任一节点 i 相连的概率依赖于节点的度与吸引因子，且连接概率服从如下规则

$$\Pi_i = \frac{\dfrac{1}{|a_i-a_n|}(k_i+\beta_i)}{\sum_{j\ne i}\dfrac{1}{|a_i-a_n|}(\beta_j+k_j)} \tag{3-10}$$

假设 k 为连续分布，则节点 i 在单位时间内度的变化符合下式

$$\frac{\partial k_i}{\partial t}=m\Pi k_i = m\frac{\dfrac{1}{|a_i-a_n|}(k_i+\beta_i)}{\sum_{j\ne i}\dfrac{1}{|a_i-a_n|}(\beta_j+k_j)} \tag{3-11}$$

即

$$\frac{\partial k_i}{\partial t} = m \frac{h_{in}(k_i + \beta_i)}{\sum_{j \neq i} h_{jn}(\beta_j + k_j)} \tag{3-12}$$

根据模型的生成规则，初始条件为节点 i 在 t_i 时刻进入系统，其度数 $k_i(t_i) = m$，$\lim_{t \to \infty} = \sum k_i = 2mt$。$h_{in}$ 满足一个特定分布，假设 $\sum_{j \neq i} h_{jn} k_i = 2\lambda mt$，其中 λ 的取值与 h_{in} 分布有关；节点吸引力 β_i 存在常数期望值 $\langle \beta \rangle = \beta^*$，$\lim_{t \to \infty} \sum_{j \neq i} \beta_i = \langle \beta \rangle t$，假设 $\sum_{j \neq i} h_{jn} \beta_i = \gamma \beta^* t$，其中 β^* 为一常数，γ 取值与 h_{in} 有关。将 $\sum_{j \neq i} h_{jn} k_i = 2\lambda mt$ 和 $\sum_{j \neq i} h_{jn} \beta_i = \gamma \beta^* t$ 代入式(3-12)中，得到

$$\frac{\partial k_i}{\partial t} = m \frac{h_{in}(k_i + \beta_i)}{2\lambda mt + \gamma \beta^* t} \tag{3-13}$$

调整该一阶线性微分方程得到

$$\frac{\partial k_i}{(k_i + \beta_i)} = mh_{in} \frac{\partial t}{2\lambda mt + \gamma \beta^* t} \tag{3-14}$$

对方程两边求积分得

$$\ln(k_i + \beta_i) = \frac{mh_{in}}{2\lambda m + \gamma \beta^*} \ln(2\lambda m + \gamma \beta^*) t + c \tag{3-15}$$

解得

$$k_i + \beta_i = e^c \left[(2\lambda m + \gamma \beta^*) t \right] \frac{mh_{in}}{2\lambda m + \gamma \beta^*} \tag{3-16}$$

令 $e^c = C^*$，$\varepsilon = \frac{mh_{in}}{2\lambda m + \gamma \beta^*}$，代入式(3-16)，得

$$k_i + \beta_i = C^* \left[(2\lambda m + \gamma \beta^*) t \right]^\varepsilon \tag{3-17}$$

节点 i 在 t_i 时刻进入网络时，其度数 $k_i(t_i) = m$。将其代入式(3-17)，解得

$$C^* = \frac{\beta_i + m}{\left[(2\lambda m + \gamma \beta^*) t_i \right]^\varepsilon} \tag{3-18}$$

则

$$k_i + \beta_i = \left[\frac{(2\lambda mt + \gamma \beta^*) t}{(2\lambda mt + \gamma \beta^*) t_i} \right]^\varepsilon (\beta_i + m) = \left(\frac{t}{t_i} \right)^\varepsilon (\beta_i + m) \tag{3-19}$$

得到 k_i 的表达式

$$k_i(t) = \left(\frac{t}{t_i}\right)^{\varepsilon}(\beta_i + m) - \beta_i \qquad (3\text{-}20)$$

$k_i(t_i)$ 的概率可以写为

$$p(k_i(t_i) < k) = p\left((\beta_i + m)\left(\frac{t}{t_i}\right)^{\varepsilon} < k + \beta_i\right)$$

$$= 1 - P\left(t_i \leqslant t\left(\frac{m + \beta_i}{k + \beta_i}\right)\frac{1}{\varepsilon}\right) \qquad (3\text{-}21)$$

时间 t 服从均匀分布，所以有 $p(t_i) = \dfrac{1}{m_0 + t}$，代入可得概率分布为

$$P(k_i(t) < k) = 1 - \frac{1}{m_0 + t}\left(\frac{\beta_i + m}{k + \beta_i}\right)\frac{1}{\varepsilon} \qquad (3\text{-}22)$$

节点度值分布概率满足

$$p(k_i) = \frac{\partial P(k_i < k)}{\partial k} = \frac{1}{\varepsilon} \times \frac{1}{m_0 + t}(\beta_i + m)\frac{1}{\varepsilon}(k_i + \beta_i) - \left(\frac{1}{\varepsilon} + 1\right) \qquad (3\text{-}23)$$

将 $\varepsilon = \dfrac{mh_{in}}{2\lambda m + \gamma\beta^*}$ 代入式 (3-23)，得

$$p(k_i) = \frac{1}{m_0 + t}\frac{2\lambda m + \gamma\beta^*}{mh_{in}}(\beta_i + m)\frac{2\lambda m + \gamma\beta^*}{mh_{in}}(k_i + \beta_i) - \frac{2\lambda m + \gamma\beta^* + mh_{in}}{mh_{in}}$$

$$(3\text{-}24)$$

所以 $p(k) \sim k^{-r}$，则节点的度值符合幂律分布

$$r = \frac{2\lambda m + \gamma\beta^* + mh_{in}}{mh_{in}} = 1 + \frac{2\lambda}{h_{in}} + \frac{\gamma\beta^*}{mh_{in}} \qquad (3\text{-}25)$$

式中，r 的取值范围与 λ、γ、β^*、h_{in}、m 相关，其中 λ 和 γ 的取值由 h_{in} 决定，所以工程项目技术创新主体协同关系网络结构取决于 h_{in}、β^* 与 m；h_{in} 反映节点组织进行创新合作的可能性，如果他们之间不存在着供需、协调关系，就没有进行协同的可能；β^* 代表节点吸引力的均值，由节点本身的声誉、创新经验以及与新加入节点之间是否有过合作经历等决定，反映对节点能力的主观评价；m 是由新加入节点本身在协同创新过程中重要程度决定，如果其处于执行创新任务的重要环节，就会与创新网络中的多个节点连接，m 值就相对较高。

3.3.3　模型仿真方法

依据 BA 模型的择优连接原则，模拟相关性与吸引力因素影响下工程项目技术创新主体协同关系网络演化过程，比较不同条件下网络结构特征变化，结合工程项目具体情境分析工程项目技术创新主体协同关系网络特征。

1. 仿真过程设计

工程项目技术创新主体作为网络的节点，个体之间建立的协同关系作为网络的边，每一个节点都有一个位置参数值 a_i 和吸引力参数 β_i，仿真流程如图 3-11 所示。

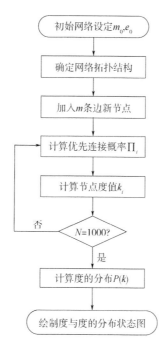

图 3-11　仿真流程图

仿真设计过程如下：

1）初始网络设定。设定初始状态工程项目参与主体中有 m_0 个个体处于协同创新状态，则初始网络为由 m_0 个节点组成的边数为 e_0 的完全连通图，确定网络拓扑结构。

2）计算过程设置。随着项目的进展，在 $t+1$ 时刻，新的个体加入协同关系网络中，新节点 i 与已有节点 j 间的相关度为 h_{in}，则 i 与 j 连接的概率为 $\prod_i$，由式(3-10)计算可得，根据概率大小确定与网络中的 m 个节点相连接，且 $m \leqslant m_0$。随着新节点的加入，网络节点的度值 k_i 发生变化。

3）仿真终止条件设定。若节点总数 $N < 1000$，则转到步骤2）；否则，计算节点度的分布 $P(k)$。

4）绘制度与度的分布状态图。

2. 仿真结果与分析

仿真参数设置见表3-1，相关性是由工程项目供应链、任务依赖性所致，对其赋予正态分布取值更能体现实际情况；吸引力设置为帕累托分布，该函数分布的特点是包含许多小数值和少量大数值，符合工程项目技术创新实际，在众多的待选合作伙伴中会有少数青睐对象，即对其吸引力大的节点；BA模型假定初始时刻系统中有少量节点，则选定初始状态工程项目技术创新主体协同关系网络中节点数 $m_0 = 5$。设置初始网络拓扑结构为连通网络，则网络中的边数 $e_0 = 9$。依据仿真过程设计，模拟新加入节点自身（m）、相关性（h_{in}）和吸引力（β_i）3个因素作用下的工程项目技术创新主体协同关系网络演化过程。

表3-1　仿真参数设置

参数	仿真数值
m_0	5
e_0	9
m	3、4、5
h_{in}	正态分布
β_i	帕累托分布
N	1000

根据上述仿真流程设置，模拟不同条件作用下演化形成的工程项目技术创新主体协同关系网络，计算得出度及度的分布，如图3-12、图3-13和图3-14所示。

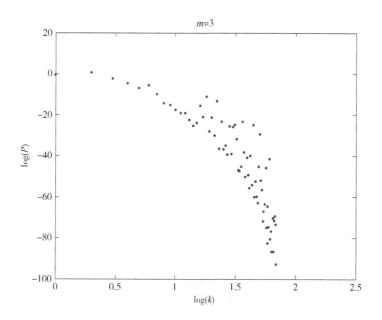

图 3-12　当 $m=3$ 时度与度的分布状态

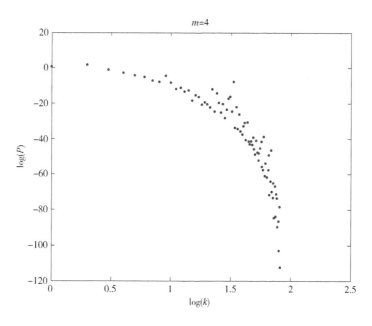

图 3-13　当 $m=4$ 时度与度的分布状态

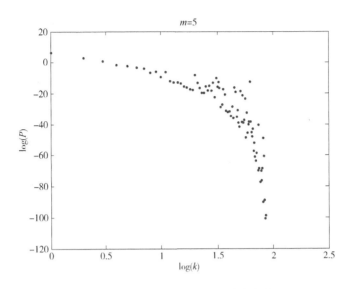

图 3-14　当 $m=5$ 时度与度的分布状态

通过以上仿真结果，可以得出以下结论：

1) 工程项目技术创新活动的相互依赖性限制网络节点的连接。依据仿真生成的网络度分布变化情况，三个分布图均得出相同结论：在相关度限制下的网络度分布服从幂律分布，网络中有少数节点的连接很多，大部分节点的连接很少。

2) 相关性的限制不能改变网络结构属性。依次观察图 3-12、图 3-13、图 3-14 可以看出，m 值越大，代表新节点连接的原有节点数目越多，即相关性限制的局域网络范围越大，但这并不能显著改变网络的性质（当 $m=4$ 和 $m=5$ 时，网络结构仍呈现幂律分布），说明带有相关性的工程项目技术创新主体协同关系网络模型与 BA 网络模型的特性相符，符合幂律分布特征。

3) 与 BA 模型所提出的偏好连接不同，工程项目技术创新主体协同关系网络中节点的连接数量与时间不成正比，网络节点连接的变化由其自身的吸引力决定。

4) 工程项目技术创新主体协同关系网络中存在"领导"个体。由图 3-14 可以看出，在工程项目技术创新主体协同关系网络中，一定数量的节点具有较高度数，即中枢节点（Hug）。这些节点具有大量的链接，是知识、信息资源的流通渠道，其作为工程项目技术创新过程中的"领导"个体，位于知识与信息的交汇点，其他创新主体围绕着它开展创新活动，以便与"领导"个体建立供需、协作关系，获得或分享技术创新相关知识与信息。

5）数值模拟的结果验证对工程项目技术创新多主体关系复杂性的分析。3.1节提出工程项目技术创新过程中存在着"领导"个体，扮演"领导"个体的是系统集成商，能够引领工程项目技术创新的方向。培养核心个体的技术创新能力，可以提高整个系统的协同创新能力。核心个体的创新经验、技术水平、竞争力等方面的优势将吸引更多的建设主体与之建立创新合作伙伴关系，从而呈现出一种富者越富的"马太效应"。

3.4　本章小结

本章对工程项目技术创新多主体结构进行了分析，结合其所呈现出的网络化特征，指出创新主体间呈现复杂的网络关系；依据复杂产品系统（CoPS）理论，提出设计单位和总承包商在协同创新过程中扮演系统集成商角色，领导其他主体进行协同创新；结合协同学理论，通过构建关系、互动、协同三者的逻辑关系，分析工程项目技术创新主体协同效应形成过程；采用 Logistic Growth 模型，构建工程项目技术创新主体协同演化模型，验证了在多主体协同关系作用下协同效应的作用过程；基于 BA 网络形成模型算法，考虑相关性和吸引力两个因素的影响，构建了工程项目技术创新主体协同关系网络演化模型，通过数值模拟揭示了工程项目技术创新主体协同关系网络结构呈现幂律分布特征。

第4章

工程项目技术创新多主体联结关系

将工程项目技术创新主体抽象成节点，创新主体之间错综复杂的关系抽象成节点之间的边，便构成一个工程项目技术创新主体网络模型。联结是各类主体存在的主要形式，借助各种联结实现资源的高效率转移，联结方式决定了主体之间的位置和功能配置。本章应用网络化建模方法综合考虑创新主体联结关系，建立工程项目技术创新主体网络模型，构建网络测量指标体系；分析网络特征，刻画创新主体之间的联结方式；通过整体网络与个体网络的分析，识别协同创新过程中的关键组织节点。

4.1 工程项目技术创新主体网络建模

事物作为系统，其结构可以抽象为网络，各类作用体可以抽象为网络节点，各种相互作用可以抽象为节点之间的连接线或边。网络呈现出复杂系统的特征，可以看作系统结构拓扑特性的模型。网络模型可以量化网络拓扑结构属性，更加直观地表述创新主体之间的相互关系。

4.1.1 创新主体网络构成要素

社会网络分析(Social Network Analysis，SNA)是近年来兴起的一种研究与分析社会网络的有效方法[183]。社会网络分析通过描述、可视化和统计模型分析网络关系[184]，其研究对象定位于行动者之间的关系模式而非具体的行动者本身，是基于交互单元(Interacting Units)或节点(Nodes)之间关系重要性的假设，体现问题指向的整体主义方法论原则。社会网络分析的基础是对网络拓扑结构的分析，拓扑结构分析的基础是图论。在图论中，"图"（Graph）是一种抽象的形式，用来表示若干对象的集合以及这些对象之间的关系。"图"是由一组元素以及它们之间相互关联的关系集合组成的，这些元素称为"节点"（Node），这些连接关系称为"边"（Edge）。社会网络分析方法具有4个特性：来源基于社会行动者关系结构的思想；以系统的经验数据为基础；重视关系图形的绘制；依赖于数学或计算模型使用。

社会网络分析方法早期用于疾病传播[185]和创新扩散[186]领域研究，近年来在工程项目管理领域得到初步应用。例如，Hossain运用社会网络分析方法研究工程项目组织网络中，个体所处的网络位置与协调能力的关系，应用实证研究方法证实了个体网络中心性与其在项目网络中协调能力的正相关性[187]。Chinowsky应用社会网络分析方法和图论分析方法，通过对任务节点度值的测度来判断该任务的重要性[132]。Law提出社会网络分析方法是项目任务以及项目组织的建模提供技术与工具支撑，通过可视化功能直观地展现任务之间以及项目组织之间的相互关系[188]。这些研究成果都有力地证实了社会网络分析方法在工程项目组织中应用的可行性。

基于社会网络分析方法的应用原理，可以识别工程项目技术创新主体网络的基本构成要素。

1. 行动者（Actors）

工程项目技术创新主体作为网络节点（Node），被称为网络中的行动者（Actor）。行动者可以是以下任意一种类型：个人、子群、组织、集体、集合体。行动者具有属性，工程项目技术创新主体网络的行动者属性主要与技术创新活动相关。可通过分析网络位置与行动者属性的相关性分析行动者属性对网络效果的影响。

2. 关系（Relations）

关系是指节点之间的连接，代表一对节点之间产生连接的内容形式，又称为"关系内容"（Relational Contents）。在网络图中，点与点之间的连线代表行动者之间的关系。一旦行动者之间建立了关系，由关系连接的两个行动者会通过关系相互影响、相互制约[189]。

关系具有三方面特征：内容、方向、强度。在工程项目技术创新过程中，创新主体间的关系内容是发生关系的一对主体之间传递的技术创新信息。工程项目技术创新主体间具有多种信息交换的关系类型，包括合同关系、绩效激励关系[190]、指令关系、协调关系等。关系具有方向性，可以分为有向(Directed)和无向(Undirected)两种。依据工程项目技术创新主体间关系的实际特点，创新主体关系网络是一种多重有向图。

3. 联结(Ties)

联结是通过关系实现的，是基于一对行动者之间的特定关系[191]，对应着图论中的边(Edge)。网络中两个有联结的行动者之间可能存在一种关系的联结，也可能存在多种关系的联结。其产生机理是不一样的，可以按照联系时间、情感强度、亲密程度和互惠程度四个指标分成两类：强联结和弱联结。联结程度主要通过联结双方的接触频率、资源交换数量、相互依赖性、信任性等指标进行衡量。行动者之间的联结方式称为关系纽带(Relational Tie)。工程项目技术创新主体之间产生联结的原因与企业内部的行政联结不同，与市场交易促成的联结也不同，是一种共同目标作用下利益共享、风险分摊的联结机制。他们之间的联结可能由正式的合同约束产生，也可能由非正式的接触产生。

4. 网络(Network)

网络是众多关系的集合，可以用来描述关系或联结的模式。社会网络是指社会行动者及其间关系的集合[121]。社会网络中包含两种典型的网络：整体网络(Whole Network)和自我中心网络(Ego-centered Network)[192]。整体网络研究指定范围内所有行动者之间存在的关系，需要所有指定范围内行动者的全部关系数据；自我中心网络包括一个焦点行动者，就是自我中心网络的"中心"，是一组与中心联系的相关行动者，以及这些相关行动者之间的关系。自我中心网络研究与焦点行动者相关的关系(可以是整体网络中的一部分)，以指定的行动者为中心，研究与其有联结的行动者间的作用关系。自我中心网络只能分析社会连带(Social Ties)，却不能分析网络结构，而整体网络可以对网络结构进行更精确的测量。在社会网络研究中，两者的数据收集方式不同，主要是抽样方式不一样。自我中心网络可以随机抽样，整体网络需要调研封闭的群体，适合采用便利抽样进行数据收集[193]。

　　这些构成要素之间存在着密切的联系，网络属性取决于节点及其联结，而节点的联结又是通过关系实现的。因此，可以通过主体间实际存在的关系判别节点的联结方式，再结合节点属性分析整体或自我中心网络属性，从而得到多主体集合呈现的整体特征。

4.1.2　创新主体联结关系测量维度

　　对工程项目技术创新主体联结关系的测度，可以从整体网络结构、关联密度和关联强度等方面进行分析。此外，个体在网络中的位置以及居于特殊网络位置的关键成员也是影响信息、知识等创新资源整合的重要因素。因此，本书提出从以下 5 个维度对创新主体联结关系进行测量。

1. 网络结构

　　行动者间的知识转移、流动路径依赖于由众多关系交错而成的网络结构。不同的网络结构造成不同的知识流转网络模式，其产生的效果也不同。"Bavelas-Leavitt Experiment"对星形网络、Y 形网络、直线式网络、环形网络 4 种结构交流模式进行试验，得到不同结构下信息转移的不同特点。

　　图 4-1 和图 4-2 显示的星形网络和 Y 形网络结构呈现出的一种辐射式信息流转模式，这两种网络结构都存在着重要的核心节点，即图 4-1 中的 A 和图 4-2 中的 C，其余的节点都直接或间接地与这个中心点相连，但是它们彼此之间并不是完全连通的，所以边缘节点只能依靠中心节点获取信息。核心节点是决定知识转移活动效率和效果的关键。

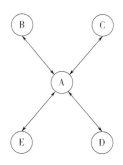

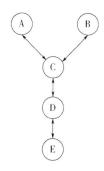

图 4-1　星形网络结构　　　　　图 4-2　Y 形网络结构

直线式网络结构反映行动者之间直线连接的关系，知识的转移形式是按照一定的顺序，自上而下或自下而上，如图4-3所示。这种知识流转模式具有传递速度较快、规范性强的特点，但经验类的隐性知识经过层层筛选后很大程度上会产生知识流转失真的现象。这种模式最适宜用于显性知识流转，如书面文件、明文规范的传达等。工程项目的直线职能式结构最有可能产生这种直线式知识流转模式，这种结构下要注意信息传递的内容，以免造成缺失。

图4-3　直线式网络结构

环形网络属于分散型网络结构，网络中的行动者相互联结，平等地进行知识交流与互换。在环形网络结构中，知识扩散者可以对网络中的其他个体进行多次知识扩散，如图4-4所示。网络个体获取知识，继而通过吸收、转化作用成为新的知识扩散者，接着对其他接收者进行知识扩散。这种循环式的知识扩散过程呈现网络状，称为网络式知识扩散，其特征是知识扩散者可以多次传递和扩散知识。

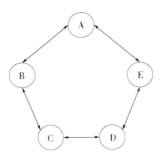

图4-4　环形网络结构

2. 关联密度

关联密度是指网络中的联结或者关系的数量比例，决定信息流的数量和质量，行动者之间的关联密度影响着信息的流通。图4-5显示了一个高关联密度的群体和一个低关联密度群体。两个群体具有相同的节点，低关联密度群体的信息传播路径只有一条，而高关联密度群体能够通过多条路径与其他节点联结。比起低密度联结，高密度联结主体彼此之间有更多的接触机会，互动关系更强，信息能够更自由地在行动者之间进行传播，有利于信息、知识等创新资源的交换[194]。

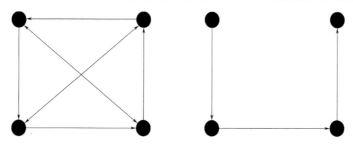

图 4-5　高关联密度与低关联密度网络图

3. 关联强度

在网络术语中用联结强度（Intensity）表示关联强度。关联强度是表示网络内各行动者之间相互联系二元关系的重要维度，反映行动者间联结的紧密程度[195]。网络主体之间的联结强度可以分为强联结与弱联结[174]。

强联结具有互动频繁、彼此间感情较深、联系密切、彼此互惠等特点。在协同创新网络中，强联结关系有助于内部成员之间的深度互动与交流，达成高度的互助、合作、协调，从而提高协同创新能力。参与工程项目技术创新的各主体之间既有正式合约关系，也有非正式合约关系，他们之间的协同行为一部分是靠合约约束，还有一部分是来源于创新主体之间的信任。工程项目技术创新具有高风险和高不确定性的特征，需要从有经验的主体处吸收经验型知识，而经验型知识转移一般只发生在高度信任的主体之间。这种信任关系源于合作经验、声誉以及以往的密切联系。

相比强联结增强联系的作用，弱联结使网络成员具有更加广泛的多样性，从而不被固定的角色所限制，能够为网络节点提供接触新颖信息的机会，增加个体从网络中获取信息的异质性。如图 4-6 所示，节点 C 所处的位置要优于 A，它可以获得网络中两个互不交叉群体的信息。在工程项目技术创新过程中，研发新的施工技术具有探索性创新的特征，弱联结所提供的丰富多样的信息与知识更加适合技术创新的实现。同时，弱联结还有利于信息在不同子群之间的转移[174]，技术创新信息的传播存在聚集效应，通常会只在一个子群内部传播。子群间的弱关系起到"桥梁"的作用，将与技术相关的知识从一个子群转移到多个子群。行为主体能够实现信息交互要依托于"弱关系的力量"[174]。这两种不同的联系方式为创新主体提供了获取资源的两种途径。

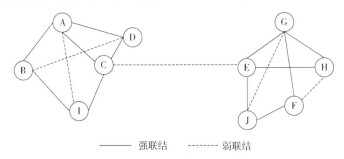

——— 强联结   ------- 弱联结

图 4-6   主体联结模式

4. 个体网络位置

网络位置是行动者之间关系建立的结果，个体网络位置的测度能够用来判断节点在网络中的重要性。一个行动者所处的网络位置决定着其关系能力，即构建、维护、运用关系的能力[196]。可以用节点的出入度来衡量节点的受制与控制能力。在关注信息传递的组织网络中，度（Degree）值反映节点对其他行动者的影响力。入度（Indegree）越大，节点接受来自其他节点的信息越多，越容易受他人影响，其行为可能会受制于其他行动者；出度（Outdegree）越大，该节点向其他节点转移的信息越多，对其他节点的影响程度越大。由于网络的不均匀分布，有的区域稀疏，有的区域密集，节点的自我中心网络的疏密程度也影响着其在网络中的位置。如图 4-7 所示，在网络 A、B 中，两个 ego 与同样多的其他节点连接，但是明显 A 网络稠密，B 网络稀疏，说明 A 网络中的信息交换活动更多，ego 与其他主体的交互强度更高。

5. 结构洞

结构洞（Structural Hole）描绘的是网络中的两个个体只能通过第三个体才能相互沟通，则第三个个体的位置就属于结构洞位置[197]。形象地说，结构洞就是存在于网络中两个没有紧密联系的节点集合之间的"空地"。结构洞是信息流动时的"鸿沟"，信息可以在两个连接到同一自我中心节点但是彼此并不相连的节点间传播，那么这个自我中心节点就处在跨越结构洞的位置，结构洞看起来就是存在于网络中两个没有紧密节点集合之间的"空洞"[198]。凝聚性群体内部很

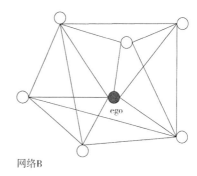

网络A　　　　　　　　　　　网络B

图 4-7　个体网络

少出现结构洞，结构洞多存在于两个分离性的群体之间，致使两个群体间的信息交流、意见沟通和行动协调出现障碍，为处在"桥梁"位置的个体提供发挥作用的机会。在工程项目技术创新主体协同关网络中，创新主体来自不同的组织，组织内部联结要比组织间联结更具凝聚性，当把组织内部联结网络看成一个小群体时，与组织内外部都有联系的个体就很有可能成为结构洞，作为组织内外部信息流通的连接点为组织内部输送丰富的异质资源。

　　处于不同网络结构的结构洞所发挥的作用也不尽相同。图 4-8 中，网络 A 和网络 B 是两个结构洞的个人中心网络结构，网络规模一样，两个网络中的 ego 同样接受来自 4 个单独群体的信息，但这两个网络的结构洞的有效性却相差很大。在网络 A 中，ego 与群体中的每个个体都有联系，会接收到很多相同的信息；在网络 B 中，ego 只用 4 条联结就能接收到与网络 A 中 ego 等量的信息，说明 B 网络更有利于获得非冗余信息。A 网络中因为存在较多的冗余联系，造成重复获得相同信息的现象，同时这些冗余连接的维护造成了资源浪费。我们称这

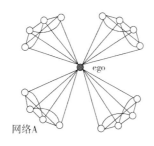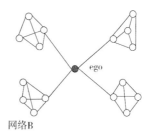

网络A　　　　　　　　　　　网络B

图 4-8　两种结构洞网络

两个节点的有效性不同，对节点的有效性进行测度有利于分析网络中知识转移的有效性。

4.2 工程项目技术创新多主体联结关系测量指标

社会网络分析是源于图论的一种分析方法，主要研究行动者以及行动者关系的变化，运用定量指标来描述研行动者之间形成的结构关系，既能反映整个网络结构的特性，也能反映个体的网络位置[199]。网络功能取决于网络结构，网络结构则是由网络上的个体行为决定的。个体在网络中的位置和嵌入形式不仅会影响整个网络的功能，还会影响网络中其他个体的行为。工程项目技术创新主体嵌入网络状态决定了网络的整体结构与功能，可以通过对网络指标的测算分析节点的网络位置，从而对创新主体之间的相互联系进行可视化研究。

4.2.1 创新主体网络结构指标

网络结构指标反映网络拓扑结构的重要性，即节点在网络中的位置决定了其重要性。在工程项目技术创新主体网络中，网络节点(Node)代表工程项目参与主体，全部节点的集合记为 $V = \{1, 2, \cdots, n\}$。每个节点与其他节点的关系度量矩阵 $\boldsymbol{M}$，称为邻接矩阵[200]，其中 $m_{ij}(i = 1, 2, \cdots, n; j = 1, 2, \cdots, n)$ 表示节点 n_i 与节点 n_j 之间的连线或者边，代表它们之间存在的关系。若 $m_{ij} = 0$，表示节点 n_i 与节点 n_j 无直接关联；若 $m_{ij} = 1$，则表示节点 n_i 与节点 n_j 之间有直接关联。网络全部边的集合记为 g，即 $m_{ij} \in g$，此时该网络记为 $\{V, g\}$。关系度量矩阵 $\boldsymbol{M} = V \times V$，例如

$$\boldsymbol{M} = \begin{pmatrix} 0 & 1 & 0 & 0 & 1 & 0 \\ 0 & 0 & 0 & 1 & 0 & 1 \\ 0 & 0 & 0 & 0 & 1 & 0 \\ 1 & 1 & 0 & 0 & 1 & 0 \\ 0 & 1 & 0 & 0 & 0 & 0 \\ 1 & 0 & 0 & 1 & 0 & 0 \end{pmatrix}$$

　　网络拓扑结构反映了节点在整体网络中的重要程度，如图 4-9 所示，节点代表组织，节点间的边代表组织间信息流转关系。从图 4-9 中可以看出，组织 A 处于网络"关键"位置，左侧组织中的所有信息必须通过组织 A 才能直接或间接地转移到右侧组织节点。

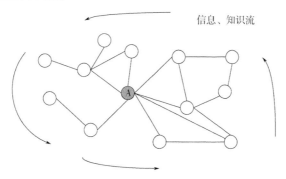

信息、知识流

图 4-9　项目组织网络结构关键节点

1. 网络密度(Density)

　　网络密度反映了网络节点之间联结的紧密程度[201]，用网络中实际存在的关系数量与可能存在的关系数量的最大值之比进行测算。网络密度越大，代表网络节点间的关系越紧密。网络密度不仅能够反映行动者之间关系的紧密程度，还可以影响行动者的沟通及协调能力，从而影响社会资本的积累。网络密度较高的整体网络在为网络中的行动者提供各种资源的同时，也限制了行动者的自主能力。在工程项目技术创新主体网络中，网络联系越紧密说明网络中的组织或个体受到网络结构的约束越明显，组织(个体)之间的互动越频繁，单个组织(个体)的自主能力越弱。因此，提高工程项目技术创新主体联结关系网络的密度能够增强各组织间关系的稳定性，促进信息和知识流动。网络密度计算公式为

$$\text{Density} = \frac{\sum_{i=1}^{n} \sum_{j=1}^{n} x_{ij}}{n(n-1)} \tag{4-1}$$

式中，x_{ij} 代表节点 i 与节点 j 之间的联结关系，有联结则 $x_{ij}=1$，否则为 0；n 代表网络中存在的节点个数。

2. 连通性(Connection)

　　网络中任意两个节点之间连接的路线越多，网络的连通性也就越高。网络

中一旦有小团队出现，就可能导致一些节点不能充分获得来自其他节点的信息，网络的连通性就会降低。因此，可以用小团队分布情况反映网络的连通性。信息熵（Information Entropy）[202]在行为科学领域已被广泛用于衡量节点空间分布的均衡程度[203-204]。本书用信息熵指标来衡量网络的连通性，计算公式为

$$S = -\sum_{i=1}^{m} p_i \ln p_i \tag{4-2}$$

式中，S 代表信息熵；m 代表小团队的数量；p_i 代表第 i 个小团队中节点数量占全部节点数量的比例。

$S = 0$ 代表一个完整的网络，具有很高的连通性，S 值越大，网络连通性越差，如图4-10所示。

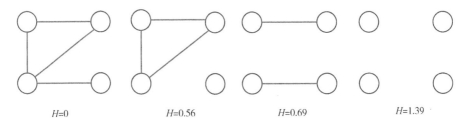

$H=0$ $H=0.56$ $H=0.69$ $H=1.39$

图4-10　四个节点不同网络连通性下 S 值举例[196]

3. 有效性（Efficiency）

网络有效性反映了网络中信息转移的质量。用测地线距离（Geodesic Distance）指标测试网络有效性。测地线距离是指连接两节点的最短路径上的边的数量。两个节点间的测地线距离越小，他们之间传达的信息越准确，信息转移质量越高。平均测地线距离（Average Geodesic Distance）反映整体网络中信息转移的有效性，具体表达式为

$$L = \frac{1}{n}\sum_{i,j=1}^{n} d_{ij} \tag{4-3}$$

式中，d_{ij} 代表节点 i 和节点 j 之间的测地线距离；n 代表网络节点数。

4.2.2　创新主体网络位置指标

1. 度（Degree）

节点的度（Degree）是指与该节点相连接的边数，在有向网络中分为点入度

（In-degree）和点出度（Out-degree）。点入度是指向该节点的直接关系的节点数目；点出度是由该节点指向自身以外的直接关系的节点数目。

$$k_i^{in} = \sum_{j=1}^{n} x_{ji} \tag{4-4}$$

$$k_i^{out} = \sum_{j=1}^{n} x_{ij} \tag{4-5}$$

式中，$x_{ij}=0$，代表节点i到节点j之间不存在边连接；$x_{ij}=1$，代表节点i到节点j之间存在边连接。

节点的度值反映节点的重要程度，度值越大，说明与该节点有直接联系的节点越多，则与其他节点的互动越多，此节点也越重要，对整体网络性能的影响越大。在工程项目技术创新主体网络中，节点度数能在一定程度上反映组织节点在技术创新过程中对其他参与组织的影响力。例如，作为项目指挥中心的建设单位项目部，往往与项目参与各方的管理部门都有直接联系，进行多项任务的协商与沟通，因此项目部在项目组织网络中会具有较高的度值。所以，度值也是实际中常用于衡量网络核心节点的指标。

2. 中心度（Centrality）

中心度反映的是整个网络的关系分布[11]。个体中心度测度个体在网络中所占据的中心程度，反映个体在网络中的重要程度。具有较高中心度的个体可以获得相对优势或重要地位，以影响和控制其他个体的行为[205]。个体中心度决定着他的社会地位[206]、荣誉[207]和权力[208]。中心度包括很多种类，比较重要的有三种：点度中心度（Degree Centrality）、中间中心度（Betweenness Centrality）和接近中心度（Closeness Centrality）。

1）点度中心度（Degree Centrality）表示与该节点直接联系的节点个数。有较高点度中心度的节点具有较强的连通性，用于在宏观层面上进行网络分析[209]。个体点度中心度越高，其在网络中的位置越重要，越占据网络中心地位。点度中心度的数学表达式[209]为

$$\text{Degree centrality}(n_i) = \frac{\sum_{j=1}^{n}(x_{ij}+x_{ji})}{\sum_{i=1}^{n}\sum_{j=1}^{n}x_{ij}} \tag{4-6}$$

式中，x_{ij}代表节点i与节点j之间存在的联结，有联结则$x_{ij}=1$，否则为0；n代

表网络中存在的节点个数。

2）中间中心度（Betweenness Centrality）描述一个节点在多大程度上位于其他节点的中间。具有较高中间中心度的节点通过控制信息的流转途径来影响整个网络性能，具有"桥梁"的连接作用，用于测度节点在网络中的潜在控制力和影响力[210]。个体中间中心度越高，其对网络资源的控制能力越强，越能制约其他个体的行为。中间中心度的数学表达式为

$$\text{Betweenness centrality}(n_i) = \sum_{s \neq i \neq t} \frac{\sigma_i(s, t)}{\sigma(s, t)} \tag{4-7}$$

式中，n 代表网络中节点的总数量；k 代表第 k 个节点；$d(i, k)$ 代表节点 i 与节点 k 之间的最短距离。

3）接近中心度（Closeness Centrality）反映该节点与网络中其他节点的紧密程度[211]。具有较高接近中心度的节点，从其他节点处获取信息的效率也越高，用于测度行动者的自主性和独立性。接近中心度越大的个体，受其他个体的控制越少。接近中心度的数学表达式为

$$\text{Closeness centrality}(n_i) = \frac{1}{\sum_{k \in n} d(i, k)} \tag{4-8}$$

式中，$\sigma_i(s, t)$ 代表节点 s 经过 i 与节点 t 相连的最短路径数量；$\sigma(s, t)$ 代表节点 s 与结点 t 相连的最短路径数量。

在工程项目技术创新主体网络中，节点之间的关系内容为信息、知识的转移。个体中心度指标可以用来测度一个组织（个体）节点控制网络中其他节点间交往的能力，从而识别网络中的重要信息通道。

4.2.3 创新主体网络关系能力指标

网络的产生和发展依赖于行动者建立新关系、维护与利用现有关系和管理网络的能力。在跨组织网络背景下，这种能力被称为关系能力（Relational Competence）[188]，也称为网络能力（Network Capability）[212]。关系能力是为了实现有效的社会功能而构建、维护和利用关系的一种能力[213]。Gulati 认为，关系能力能够协调多方关系，解决由不协调产生的冲突问题，能够促进多利益相关者之

间的合作。通过关系能力，合作各方能够共享知识资源，相互学习，形成整合效应，取得更好的绩效[164]。网络关系是知识、信息等创新资源的重要来源，也有学者从知识流动、资源整合等方面对关系能力的作用进行研究，提出关系能力起到促进资源整合、实现知识共享和相互协调影响对方的作用[214]，有利于关系成员获得异质性的网络资源，促进技术信息的流动和整合[215]。关系能力使企业实现在网络中的定位、选择合适的合作伙伴、利用伙伴的资源，以及管理与伙伴间的关系，从而建立与伙伴的信任和信息共享机制，最终获得更多服务于创新的机会和资源。

关系能力体现了个体对网络资源的运用能力，也解释了具有相似网络资源的个体创新绩效千差万别的原因。有效的关系能力能够帮助个体评估不同外部关系的重要性和其中蕴含的机会，鼓励和协调网络中其他行动者的资源和能力[196]，为行动者之间的行为一致、有序协作等创造条件，为发挥协同效应奠定基础。关系能力是工程项目技术创新主体关系建立和创新主体网络结构形成的重要驱动力，通过对网络中的知识资源进行调节与控制，促进网络中的知识流动和资源整合，从而影响整个网络的协同创新绩效。

本书将创新主体为了提高创新网络的有效性而构建、维护和利用协同关系的能力称为关系能力。这种能力可以体现主体在网络协调发展过程中所扮演的角色。本书选用看门人、协调人和拥护者代表在工程项目技术创新主体协同过程中起关键作用的行动者关系能力角色，其行为目标和判定准则见表4-1。

表4-1 关系能力角色行为目标和判定准则

关系能力角色	行为目标	判定准则
看门人	创造组织内外连通的渠道	高点入度和个体网络密度
协调人	协调来自组织外部的资源去开发和实现创新	高点度中心度和中间中心度
拥护者	鼓励、支持、引导创新活动	高中间中心度和接近中心度

1. 看门人(Gatekeeper)

看门人是从外部获取资源并将其转换成内部信息的重要角色[216]，如图4-11所示。其功能是创建与外界沟通的渠道，尽可能地获取外部的重要资源[217]。看门人连接组织内部网络与外部环境，通常处于网络外围区域，最先与非组织内网络成员接触，为网络内部过滤和引进信息，控制网络中信息流的流动[206]。根据看门人的功能及特点，该角色与组织外部个体联结较多，同时联系很紧密。因此，其网络位置特征为高点入度和个体网络密度。

看门人的判定步骤如下：

1）计算整体网络的网络位置指标，按照网络节点的入度值由大到小排序。

2）计算个体网络中的网络结构指标，按照个体网络密度值由大到小排序。

3）节点入度和个体网络密度均较高，且与其他组织有连接的个体扮演看门人角色。

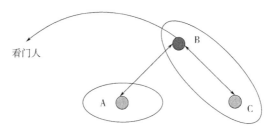

图 4-11　看门人角色

2. 协调人（Coordinator）

协调人是协调资源和活动进行开发或实现创新的引导者，分为内部协调人和外部协调人，如图 4-12 所示。协调人具有指导和领导其他成员的能力，是网络中其他成员的领导者。其功能是调节其他行动者及其行为，与网络成员创造凝聚力[215]。在进行创新实践过程中，协调人作为关键决策者与其他协同伙伴进行协调与谈判[34]。根据协调人的功能及特点，与该角色有联结的个体（组织内部和外部）较多，且协调人处于这些联结个体的核心位置。因此，其网络位置特征为高点度中心度和中间中心度。

协调人的判定步骤如下：

1）计算整体网络的点度中心度指标，按照数值大小进行排序。

2）计算整体网络的中间中心度指标，按照数值大小进行排序。

3）点度中心度和中间中心度均较高的个体扮演协调人角色。

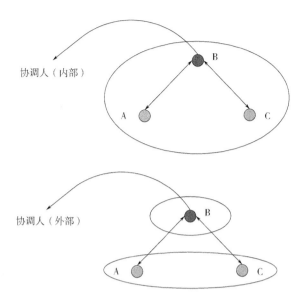

图 4-12　协调人角色

3. 拥护者(Champion)

拥护者被看作创新的领导者、发起人、支持者，如图 4-13 所示。其功能是通过提倡、拥护创新引领技术创新活动的开展。扮演拥护者角色的个体，很容易接触到外界新的信息、资源、知识等，并能有效地扩散创新信息。同时，这些个体在组织中具有较高的信誉、权利和地位，很容易影响组织中的其他成员。根据拥护者的功能及特点，该角色不仅处于个体网络的核心位置，还和与其有联结的个体具有较紧密的联系。因此，其网络位置特征为高中间中心度和接近中心度。

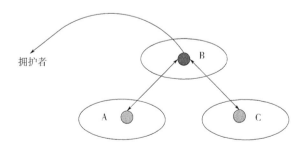

图 4-13　拥护者角色

拥护者的判定步骤如下：

1）计算整体网络的中间中心度指标，按照数值大小进行排序。

2）计算整体网络的接近中心度指标，按照数值大小进行排序。

3）中间中心度和接近中心度均较高，且个体在实际组织机构中的职务为管理者，则该个体扮演拥护者角色。

处于不同网络位置的节点具有不同的功能和作用。在理论研究和实践应用中，具有较大影响力的个体节点都是重点研究对象。对个体节点的网络特征进行描述，根据其重要性进行排序。通过构建网络测量指标对个体节点角色及功能进行测度，有利于寻找关键组织节点，对分析节点重要性具有实用价值和现实意义。在工程项目技术创新过程中，除了这些扮演关键角色的个体发挥着关键作用外，其他主体的行为也会直接或间接地影响协同的效果。随着新个体的加入、旧个体的退出，网络关系会发生变化，一般个体也有可能转变为关键个体，并对技术创新起到重要作用。

4.3 工程项目技术创新多主体联结关系测度

4.3.1 工程项目技术创新主体网络构建

在工程项目技术创新过程中，参与创新的项目组织或个体在网络模型中被称为"点"或"节点"（Node）。项目参与方众多，各利益相关者又由若干个体组成，在大量空间内寻找较少分析样本，滚雪球方式（Snow Balling）是确定工程项目技术创新主体网络节点的一种有效方法。从项目任务、项目过程、主体角色三个维度明确网络模型中工程项目技术创新活动参与主体。

滚雪球方式是一种样本数据采集方法，适用于解决在大范围样本数据中寻找较少样本的问题[218]，符合本书调查对象特征。该方法首先要求有一个初始的样本案例；其次，应找出样本成员的全部接触者，此时忽略接触者是否为初始样本成员的问题；最后，把这些接触者添加到初始样本中，再循环利用同样的方式寻找接触者的接触者。

工程项目技术创新主体网络的节点来自于特定项目中的各个利益相关者，

如技术创新需求提出方、设计方案提出方、计划实施方、资源供给方和成果使用方等。由于工程项目参与方构成复杂，信息获取难度大，为了更加全面、准确地收集数据，采用三角测量方法(Triangdation)收集数据：对项目管理团队、建设单位和总承包商的项目部成员、分包商和材料设备供应商进行非结构化和半结构化访谈；在项目现场实时观察收集相关数据以及建设单位、总承包商、分包商等提供的文件资料。

本书选取一个商业综合体项目作为具体算例，综合运用深度访谈、问卷调查等方法收集数据，建立项目组织(个体)关系网络，进行网络分析。该项目建设时间为2011年11月到2013年6月，总占地面积71 084m²，近2000人参与项目建设。

本书选取的主体主要来自建设单位、设计单位、总承包商、分包商、供应商和监理单位。项目参与主体被看作网络节点，网络中的联结代表主体间的连接关系，包括正式关系(如合同关系、指令关系、隶属关系等)和非正式关系(主要指组织间的协调、配合关系，是在主体之间实际发生的关系)。对于非正式关系数据收集，采用访谈和发放调查问卷的方式。首先，根据正式关系确定各参与方之间的链接，总承包商链接最多；其次，以各参与方涉及的具体个体为调研对象，以个体间的沟通联系为调研问题，收集多主体非正式关系链接数据。

通过访谈与调查问卷方式确定网络节点与链接关系，调研过程共分为三轮。第一轮访谈的对象是总承包商代表，根据他提供的资料初步确定各参与方中与之联系相对频繁的个体，多数为各参与方管理层个体。第二轮访谈的对象是由第一轮访谈结果得出的主要参与主体，要求他们列出与其有联系且能够提供重要信息的个体，包括组织内部和组织外部成员。通过第二轮访谈得到一个关系生成名单列表(Name Generators)，将这些个体按照组织分类，设计成问卷发放给项目所有参与主体(见附录A)。根据调查结果筛选确定有16名重要成员，即网络节点已经确定。这些重要成员分别是：建设单位5人，设计单位2人，总承包商2人，分包商3人，材料设备供应商3人，监理单位1人。最后一轮问卷调查，将这16名重要成员的相关信息设计成调查问卷，并发放给他们，通过问卷调查描绘出他们之间的联系情况，从而确定其有无关系链接。整理调查问卷数据构建出 16×16 阶的邻接矩阵，见表4-2，表中的行、列标题指代个体所处组织的简称。

表4-2　关系网络邻接矩阵

	GD1	GD2	CM1	CM2	CM3	CM4	CM5	CE1	CE2	FFE	DE1	DE2	S	MES1	MES2	EI
GD1		1	1	1	1	1		1	1	1	1	1	1	1	1	1
GD2	1		1	1	1	1	1	1	1	1	1	1	1	1	1	
CM1	1			1		1				1	1	1		1	1	1
CM2	1		1		1					1				1		1
CM3	1		1	1		1		1	1	1	1	1	1	1	1	1
CM4	1		1	1	1		1		1	1	1	1	1	1	1	1
CM5			1	1	1	1		1	1	1	1	1	1	1	1	1
CE1	1			1	1	1				1	1	1	1	1	1	1
CE2					1											
FFE	1		1	1	1	1	1							1	1	1
DE1					1			1	1						1	
DE2								1	1							
S	1				1			1		1	1	1		1	1	1
MES1						1	1		1				1		1	
MES2			1	1	1	1	1	1	1	1	1			1		1
EI	1		1	1	1	1	1	1	1	1	1			1	1	

4.3.2　整体网络测度

对整体网络进行测度，根据整体网络结构数据分析网络内部结构及特性，描述多主体间的联结方式。计算中心度指标，筛选重要节点，为个体网络测度提供依据。根据由调查问卷数据建立的邻接矩阵，运用社会网络分析软件 UCI-NET6.0 将邻接矩阵数据转换为网络直观图，如图4-14 所示。

在由这16名重要成员组成的网络中，共有135个联结。在图4-14 中，网络节点的大小与节点的连接关系数量有关。与节点相连的关系越多，图中节点的

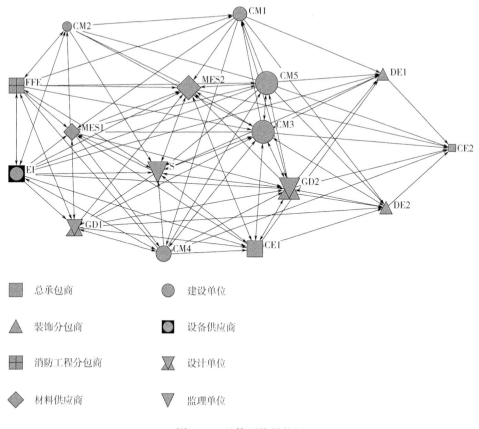

图 4-14　整体网络结构图

度越大，节点也就越大。不同的节点形状代表行动者来自不同的组织，具体指代如图 4-14 所示，图中的箭头代表信息的流动指向。具体中心度指标测算结果见表 4-3。

表 4-3　中心度指标

识别码	组织	点度中心度		中间中心度	接近中心度
		入度	出度		
CM3	建设单位	0.09	0.10	15.94	88.235
S	监理单位	0.09	0.07	8.168	71.429
CM4	建设单位	0.08	0.10	9.245	68.182
CE1	总承包商	0.08	0.08	7.007	75.000
FFE	分包商	0.08	0.08	6.944	75.000

（续）

识别码	组织	点度中心度		中间中心度	接近中心度
		入度	出度		
DE1	分包商	0.08	0.04	1.676	62.500
EI	供应商	0.08	0.10	5.881	75.000
GD1	设计单位	0.07	0.10	5.486	75.000
CM1	建设单位	0.07	0.07	2.958	68.182
CM2	建设单位	0.07	0.07	2.467	62.500
CE2	总承包商	0.07	0.01	1.337	48.387
MES1	供应商	0.07	0.04	9.372	60.000
CM5	建设单位	0.05	0.10	7.740	83.333
DE2	分包商	0.05	0.04	1.626	62.500
GD2	设计单位	0.10	0.11	20.32	78.947
MES2	供应商	0.10	0.09	9.365	71.429

1. 整体网络结构测度

整体网络密度为 56.25%，说明网络相对稠密。有研究表明，网络密度在 0.0 ~ 0.5 被认为较低[219]。网络密度过低，主体之间的关系淡薄，交流频率较低，不利于主体之间相互交换知识。该网络中出现 24 个派系（Cliques），由式 (4-2) 计算可得信息熵 $S = 0.473$，可见网络具有较高的连通性，说明网络中的任意一个节点都能够相对容易地连接其他节点。其中，GD1、GD2、CM3 和 GD2、CM3、CM4 构成的小团队在派系中出现的频率较高，则与这两个小团队连接的个体更容易获得网络资源。网络密度较高的特征也反映出该网络中个体彼此间的连接相对紧密。在较高的网络密度情况下，网络仍具有较高的连通性，说明该网络中小团队特征明显，而且派系之间并不是相对独立的，而是会有重叠个体起到"桥梁"作用，将多个小团队连接起来，使主体间的交流和协调较方便，知识、信息在网络中能够较大范围扩散，有利于知识转移。

从图 4-14 中也可以直观地观察到网络中没有行动者被孤立，说明全体成员都可以通过直接或间接的关系联系到网络中的其他成员。可以认为在项目建设过程中，组织成员之间保持相对紧密的联系，有利于创新知识、信息、资源等的获取与利用。

该网络的平均测地线距离为 3.28，说明网络中任意一个个体大概需要通过 3 个人就能联系到其他的个体。连接媒介越多，信息损耗越多，信息转移有效性越差。相对于由 16 个节点构成的网络，3 个节点的媒介数量相对较低，说明网络具有较高的有效性，能够提高网络中创新信息的传播效率。

2. 中心度测度

网络节点在知识流转过程中的地位不相同，探索主体的网络位置有利于分析主体在创新过程中所扮演的角色。最为直观的衡量指标是节点的度，节点的度越高说明他联系的成员(Out Degree)或与他联系的成员(In Degree)越多，是网络中关键的信息流转中心。

由表 4-3 可见，CM3、GD2、CE1、MES2 的度较高，说明他们与外界交流频繁，会有大量的信息输入输出。同时，GD2、CM3 和 CE1 也具有较高的中间中心度，说明他们位于网络的核心地位，对网络中信息流转的控制力较强，能够充当其他成员进行信息交换的中介，在知识获取过程中充当"桥梁"的作用。这些节点是影响网络结构的关键节点，一旦失去这些节点，与这些节点有连接的节点的最短路径将会发生改变，甚至有些节点会失去一条获取信息、资源等的重要捷径，导致其信息获取成本增加。而对于仅以通过该节点为唯一一条最短路径的节点，节点之间的信息交换将需要通过更多的步骤，不但会增加成本，还会造成知识损耗。除了对信息获取造成巨大影响外，这些人员的缺失甚至会导致完全分离的团体出现，影响整个网络的连通性，对整体知识流转非常不利。

4.3.3　个体网络测度

根据 4.3.2 节中对中心度指标的分析，得出网络中起到关键作用的几个成员，通过对其个体网络的测度与分析确定其在创新过程中扮演的角色与功能。

个体网络(A personal network)，是以一个特定个体为中心的网络，这个特定个体被称为 ego(自我)[220-221]。因此，个体网络也被称为自我中心网络。个体网络描述的是与这个个体有联结的所有关系。个人在选择合作伙伴并从合作伙伴处获取知识、技术、资源时，就会发展并依赖个体网络，即通过个人网络这一非正式的组织结构寻找相应的知识[222]。表 4-4 列出了 16 名成员的个体网络的 3 个指标，其中节点数(Size)是指与该个体有联系的节点数量；关系数(Ties)代表个体网络中的关系数量；网络密度(Density)在这里是指个体网络密度，代表其他成员与该个体的交流频率。

表 4-4　个体网络指标

识别码	组织	节点数	关系数	网络密度
CM5	建设单位	14	99	54.40
MES2	供应商	14	98	53.85
S	监理单位	13	93	59.62
GD1	设计单位	13	68	61.82
CM3	建设单位	11	93	51.10
GD2	设计单位	11	84	53.85
CM4	建设单位	11	62	54.40
CE1	总承包商	11	68	61.82
MES1	供应商	11	75	68.18
EI	供应商	11	64	58.18
CM1	建设单位	10	47	52.22
FFE	分包商	10	53	58.89
DE1	分包商	9	44	61.11
DE2	分包商	9	44	61.11
CM2	建设单位	8	37	66.07
CE2	总承包商	7	27	64.29

由表 4-4 可知，建设单位高管(CM5，14nodes)、材料和设备供应商(MES2，14nodes)、设计单位设计人员(GD1，13nodes)和监理工程师(S，13nodes)的个人网络规模较大，说明这些个体与组织内外部人员接触广泛。MES1 个体网络密度高达 68.18%，甚至高于整体网络密度，其原因是出现了包括该个体的小团队现象。

在设计单位组织内部，GD1 具有较高的网络密度(61.82)和相对较高入度(10)，根据 4.2 节中对看门人网络特征的设定，GD1 符合其特性，可以作为设计单位组织内部的看门人角色，起从外部获取资源并将其转化为组织内部资源的作用。同理，CM3，CE2 也在各自的组织内部扮演看门人的角色。

关键个体构成的个体网络中存在两个特殊的个体网络，即最稀疏的个体网络 CM3（density，51.10）和最稠密的个体网络 MES1（density，68.18）。如图 4-15 和图 4-16 所示，图中的黑色节点代表 ego，灰色节点代表 alters，节点形状的不同表示来自于不同组织。将两个个体网络进行对比，图 4-15 中的关系连线明显多于图 4-16 中的关系连线，验证了网络密度指标的测量结果，MES1 个体网络稀疏，CM 个体网络稠密。同时，这两个网络规模相同，具有相同 size 均为 11，说明两个个体 CM3 和 MES1 都与 10 个个体有联系。相同节点数量，关系数量却有所差异，说明网络中的个体联系频率有很大的区别。MES1 的联系明显多于 CM3，导致 MES1 获取的外界信息量多于 CM3 获取的信息量。同时，由 MES1 构成的个体网络中信息交换活动也会更多，碰撞出知识"火花"的机会就会增大，则与 MES1 相连的小团队更容易产生或实现创新。

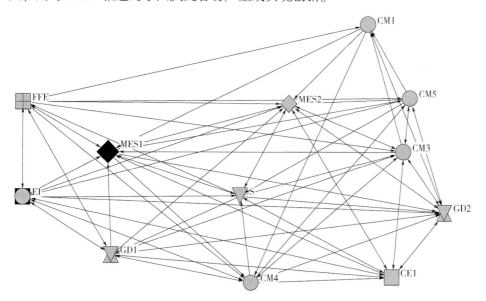

图 4-15　个体网络（MES1）

从表 4-3 中可以看出，MES1 具有较高的中间中心性（9.372），其网络特征符合协调人角色的网络位置设定，可以认为 MES1 在创新过程中扮演着协调人的角色。作为资源的中介中心，该个体通过控制信息、资源的流转影响创新，具有重要的作用。在技术创新过程中，要注意这个角色的设置，一旦他离开项目团队，整个网络的连通性就会受到很大的影响，直接影响创新的实现。

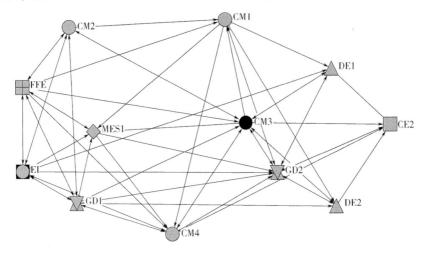

图 4-16　个体网络(CM3)

CM3 是 16 名重要成员中唯——名具有高中间中心度(15.94)和高接近中心度(88.235)的行动者(接近中心度最高，中间中心度次高)。同时，他在组织结构中的实际职务为建设单位项目部经理，其网络位置特征和在实际组织中的职位符合拥护者的角色设定。较高的中间中心度说明该个体与较多的外部组织成员相连接，在网络信息流转中起到"桥梁"作用。在实际组织中，他也具有一定的权利和号召力，其本身对新知识、新技术的吸收能力以及创新意识和意愿对新技术创意的提出和技术创新的实现有很大的影响。这类角色应由创新觉悟高、视野开阔并具有较高学历的人担任，以促进和领导组织进行创新。在 16 名重要成员当中，具有同样角色功能的还有 GD2，其实际职务为设计单位管理人员，具有较高的中间中心度(20，32)和接近中心度(8，947)。因此，GD2 的所处的网络位置符合拥护者的角色设定。

4.4　本章小结

在分析工程项目技术创新主体网络构成要素的基础上，应用社会网络分析方法给出工程项目技术创新多主体联结关系的测量维度，构建了网络结构、网络位置与关系能力的测量指标，对工程项目技术创新主体之间的静态联结模式进行测度；结合具体算例，从网络结构、节点功能以及联结方式三个方面对工程项目技术创新多主体联结关系进行研究，分析了关键组织节点及其产生的影响。

第5章

工程项目技术创新多主体互动关系

通过第 4 章工程项目技术创新多主体联结关系的研究，说明应用网络指标能够有效地分析主体间的联结方式以及组织节点的重要程度。但是以上分析仅在静态组织网络层面上展开，没有考虑创新主体之间的动态交互影响。本章借鉴网络级联效应相关理论，提出工程项目技术创新协同级联效应概念。将建设主体的创新决策看作级联效应的内容，通过建立基于主体互动的工程项目技术创新协同级联效应模型，分析工程项目技术创新主体间的动态互动关系。

5.1 工程项目技术创新协同级联效应分析

5.1.1 信息级联与级联模型

1. 信息级联与级联效应

Banerjee 对群体中决策者的决策行为进行了研究，发现并提出了信息决策过程中的"群集（Herding）"现象[223]。Welch、Hirshleifer 和 Bikhchandani 通过进一步研究，将这一现象明确为"信息级联"[224-225]。"信息级联"是指人们在依次决策时，前面决策者的决策行为可以被后面决策者观察到，并对后面决策者传递他们所了解的信息，从而使后面决策者放弃自己所拥有的信息，转而以前面决策者的决策为基础做出推断，这种现象也被称为"级联效应（Cascade Effect）"。级联效应产生的先决条件是人们在不同时刻依次做出决定，后面决策者可以观察到前面决策者的决策行为，获得信息并做出决策。在级联效应中，个体模仿他人的行为并不是盲目的，可能是由于前面决策者传递了某种信息，也可能是出于社会压力的顺从，但其本质上都是根植于信息级联的思想。

级联效应产生的关键因素是个体的模仿行为。模仿会导致集群行为的产生，个体接收到相似的信息，面临相似的行为选择，具有相似的效用，最后做出相似的动作。即使不存在初始信息，只要效用相似，最终也会产生集群行为。在级联效应中，个体模仿他人的行为并不是盲目的，而是根据有限的信息进行合理推论的结果。此时，个体观察到的他人的行为信息要比自己通过其他途径了解到的信息更有说服力。这种模仿也可能是由于社会压力造成的从众行为，与个体接收到的信息没有必然的关系。从众的社会力量随着一致性群体活动规模的壮大而增强。模仿他人的行为有两种获益类型：一种是信息效应，是基于他人所做出的选择可以间接提供一些信息这样的事实；另一种是直接受益效应，是可以从复制别人的行为中得到直接回报。对于创新行为的级联，侧重于个体决策由直接受益效应驱动。当个体观察到其他个体的决定时，便得到一些间接信息，促使人们也尝试一些新事物。

Ryan 和 Gross 曾以一些农民为采访对象，询问他们是怎样以及何时决定采用这种杂交玉米种子的。调查结果表明，大部分农民最初是从销售人员那里获得种子的相关信息，但是大多数人决定采用这些种子是在社区的邻居使用以后[226]。Coleman 研究了一些内科医生采用四环素抗生素类药物的情况，标出了使用新药物的医生之间的社会关系[227]。虽然这两项研究涉及的群体、领域和采用的新事物不同，但具有一些共同的基本特征：第一，这两项研究中的新事物都具有新奇性以及最初缺乏被理解的特点，采用它们虽有一定的风险但最终能获得较高的收益；第二，早期的使用者具有一些共同的特性，他们有较高的社会经济地位，并且往往旅行经历丰富；第三，在以上这两种情况下，采纳决定的形成都需要一种社会环境，即人们在做选择时能够观察到他们的邻居、朋友以及同事的行为。创新行为的级联在不同领域都存在这种共性，在工程项目建设团队这样一个联系紧密、交互作用频繁的社会系统中，个体可以观察到其他个体的决策，进而影响自身对创新的采纳决策。

这种信息级联行为在网络关系作用下表现尤为突出。每个人处在特定的社会网络中，网络中会有与其连接的邻居、朋友、熟人和同事，并且因接受一项新事物所获得的收益会随着周围采纳的邻居的增多而增加。因此，从利己主义的角度出发，当你周围有足够多的邻居采纳了某项创新时，你也会采纳。例如，你会发现使用兼容技术更容易与同事合作；类似地，你会发现在交往中与那些和你的信仰和观点相近的人更容易沟通，或至少是不会更难相处。所以在网络情境下，创新级联行为是一种创新的扩散，新事物通过网络连接进行传播。无论是发生在复杂系统上的级联失效，还是信息扩散或生物传播等，这些现象都可以统一地当成具体的信息传播的过程，而这些现象在传播的过程中均有一个共性的现象，即级联效应。

2. 信息级联模型

信息级联是信息传播过程中的特殊现象，目前在社会网络信息传播模型的研究方面主要有两个方向：一个是基于网络结构的信息传播模型研究；另一个是基于用户群体的信息传播模型研究。目前已有学者提出并推导出一系列非常重要的理论和模型，基于网络结构的信息传播模型中最具有代表性的是线性阈值模型（Linear Threshold Model）[228]和独立级联模型（Independent Cascade Model）[229]；基于用户群体的信息传播模型中最具有代表性的是传染病模型（SIS 模型、SIR 模型等）。

线性阈值模型由斯坦福大学的格兰诺维特（Granovetter）[228]提出，该模型是从信息接收者的角度对信息传播过程建模。在网络中，每一个节点都有一个阈值 $t \in [0, 1]$，该阈值通常服从某种概率分布。在信息开始传播之初，假设网络中有部分节点是信息的接受者，其状态称为被激活状态，这部分节点所占的比例是有限的，可以将其视为初始种子节点。在初始状态，如果一个节点为未激活状态，当网络中与该节点连接的其他节点变为被激活状态的比例达到阈值时，该节点的状态就会发生改变，即从未激活状态变成被激活状态。在之后的传播中会循环往复如上过程，直到某一个时刻，网络中已经没有新的节点被激活，此时传播结束。线性阈值模型充分考虑了信息接收者的特性和信息传播具有记忆效应。

独立级联模型由哥伦比亚大学戈登伯格（Goldenberg）[229]等人提出，与线性阈值模型不同的是该模型是从信息传播者的角度考虑信息的传播过程。在该模型中，用户不再拥有激活阈值，因为网络中的边关系是信息传播的途径，因此模型转而重点关注网络中的边关系的影响，并且在激活节点伸出的每一条连边关系上都设有一个传播概率，只要达到这个概率，边另外一侧的节点便被激活。同样，在传播之初假设网络中已经存在一部分种子节点处于激活状态，这部分节点比例是很小的。在后续的每一轮传播过程中，已经处于激活状态的节点都有且仅有一次机会按照边上的传播概率激活其邻居节点。当没有新的节点被激活时，信息传播过程结束。独立级联模型以信息发送者为中心，没有考虑信息接收者的接收能力和特点。

传染病模型(Epidemic Model)是参照传染病的传播方式模拟影响力的扩散过程。经典的传染病模型包括 SI 模型、SIR 模型、SIS 模型、SIRS 模型、SEIR 模型以及 SEIRS 模型等。在传染病模型中，节点有四种状态：一是易感染(Susceptible)，是暂未受到传染病影响但是具有被感染可能性的状态；二是潜伏状态(Exposed)，个体受到某种传染病的感染但并不具有传染性；三是被感染(Infective)，是已受传染病感染并具有传染性的状态；四是已免疫(Removed)，是从感染状态中恢复并具备免疫能力的状态。在 SI(Susceptible-Infected)模型当中，节点有易感染(Susceptible)和被感染(Infected)两种状态，易感染(Susceptible)状态的节点与被感染(Infected)状态的节点接触后会以一定的概率 p 被感染，并且保持被感染(Infected)状态。如此，疾病会继续扩散，最终所有人都会被感染。SIR(Susceptible-Infected-Recovered)模型与 SI 模型相比，它增加了一种新的状态：已免疫(Recovered)。在该模型下，Susceptible 节点会被 Infected 节点以概率 p_1 感染，然后被感染(Infected)的节点会以 p_2 的概率被治愈、恢复健康并获得免疫能力，变成 Recovered 的状态，处于这类状态的节点不会再参与疾病及影响力的传播。SIS(Susceptible-Infected-Susceptible)模型与 SIR 模型的不同之处在于，Infected 节点被以 p_2 的概率治愈后，会继续以概率 p_1 被感染。

5.1.2　工程项目技术创新协同级联效应

协同可以看作两个或多个个体或组织共同工作时的一个互惠过程(Reciprocal Process)，通过建立协同关系共享资源与知识，以寻求更多的利益。工程项目技术创新协同级联效应是指在工程项目建设过程中，项目组织(或个人)通过互动作用传递信息、沟通交流、相互学习，从而对与其相关的其他组织(或个人)的技术创新决策行为产生影响。可以将工程项目技术创新协同级联效应看作创新决策传播的过程。根据工程项目的特点，可以将工程项目技术创新协同级联效应分为三种：组织-组织级联过程、组织-创新活动级联过程以及组织-创新活动-组织级联过程。

1. 组织-组织级联过程

组织-组织级联过程是指由于项目组织节点存在联系，一个组织的决策、信息交流等因素对与其相关的其他组织节点产生的级联影响。以图 5-1 为例，假设图中所示的网络表示某工程项目参与组织的上下级关系，则上级组织节点会对下级组织节点的管理决策产生直接影响，如组织 A 将直接影响组织 B、C、D，组织 C 继而影响组织 E、F。图 5-1 中，边表示组织间信息的传递方向，则组织 A 发送给组织 E、F 的信息必须通过组织 C 转达，组织 C 的信息处理能力(如传递效率、失真率等)将直接影响组织 A 与组织 E、F 之间的信息沟通程度，继而对组织节点间的交流合作、管理效率等产生较大影响，这一过程称为组织-组织级联。

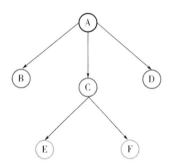

图 5-1　工程项目组织级联效应示意图

2. 组织-创新活动级联过程

组织-创新活动级联过程是指由于项目组织节点的执行能力、决策能力等因素对其参与执行的创新活动的完成效率、质量等产生的级联影响。以图 5-2 为例，假设组织 A 在某工程项目中参与创新活动 a、c 的执行，显然组织 A 的决策行为将直接影响创新活动 a、c 的完成效率，即组织-创新活动级联。

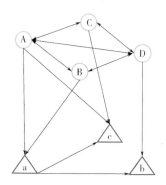

图 5-2　工程项目技术创新组织-创新活动级联效应

此外，若还有其他组织节点同时参与创新活动 a、c，则由组织 A 导致的创新活动 a、c 执行状态必将影响这些同时参与执行任务的组织节点 B 和 C 的决策计划、合作程度等，以及他们对其他创新活动(创新活动 b)的执行情况，从而形成"组织-创新活动-组织"的级联效应。

5.2　工程项目技术创新主体互动作用模式

互动是工程项目技术创新主体行为之间的相互影响，其最终表现为一种集体行为。如果说联结反映的是创新主体间关联方式的契合性，互动则体现了主体间交互作用的状况。在主体联结网络中，一旦新的观念(Idea)、新技术或新需求从某一主体产生后，就会沿着主体之间的联结关系在整个网络中传播、扩散，网络中的其他主体通过决策做出是否采纳创新、参与协同的决定。

主体之间的互动反映某一主体通过关系纽带对其他主体施加影响的能力以及对环境的反应能力，是基于信息的传播与交互学习的过程。传播过程是创新主体通过关系纽带对其他主体传播创新信息；学习过程是改变个体理性程度、直接影响决策的关键。主体之间的互动通过影响信息的传播与决策行为而影响协同效应。由于主体互动的存在产生了信息的传播，继而出现学习、模仿等影响决策的行为，最终出现工程项目技术创新协同级联效应。

5.2.1 创新主体个体接触过程

在工程项目技术创新协同级联效应产生过程中，与技术创新相关的信息和知识在主体间进行扩散。工程项目技术创新扩散反映参与协同创新的个体数量随时间和空间的变化而变化。工程项目技术创新具有多主体参与的特性，创新任务之间的相互依赖性致使执行任务多主体之间不可避免地存在个体接触、相互沟通、共享信息。技术创新理念在参与主体联结网络中被传播和采纳，致使工程项目在前期策划、规划设计、施工建造等多个环节的实施理念和方法上产生较大变化。

参与工程项目的不同主体共同组成了网络空间中多样化的主体，同时也是参与技术创新扩散的主体。这些主体并不总是被动地接收创新信息，一旦做出决策成为创新采纳个体，他们又会扮演创新信息的发布者、传播者等多重角色，通过个人的关系网络向其他联结主体传播创新信息，并对其创新决策行为产生影响。

扩散本质上是一个通过个体之间的交流来传播创新观念的过程，个体之间的联结成为多样化个体交互传播信息的主要途径。可以说，个体之间的接触是创新扩散实现的基础。宏观层面的创新信息扩散过程事实上是通过微观层面多样化个体的接触过程而实现的。在工程项目建设过程中，由于技术创新初始成本高、存在不确定性风险，技术创新只拥有少量的拥护个体，通过个体关系网络中其他个体的模仿行为逐渐传播到多个群体。经由项目参与主体组成的关系网络，技术创新的"感染群体"规模不断扩大，进而使得工程项目各子任务的执行主体接收到技术创新信息，经过采纳决策最终协同合作实现工程项目技术创新目标。

信息通过联结关系实现在不同个体间的传递是个体接触过程的主要表现，个体接触过程中的信息扩散如图5-3所示。从该图中可以看出，个体之间的联结关系是技术创新扩散的纽带和基础。联结关系对个体接触过程既有限制作用也有强化作用：限制作用主要体现在联结是个体接触过程实现的基础，个体间不存在联结路径就不会产生个体接触行为；强化作用是指由于网络结构特性的影响，表面上并没有直接联结的两个个体可以通过多种间接关系的作用产生相互影响。个体接触过程可以看作技术创新扩散的微观机制，其内在机理与传染病的接触型传播机理相似，都是以接触关系为基础逐渐扩大传染或影响范围。

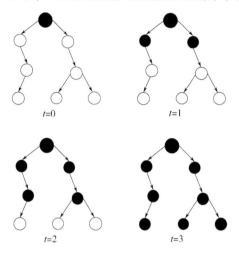

$t=0$ $t=1$

$t=2$ $t=3$

图 5-3　个体接触过程中的信息扩散

区别于传染病的传染过程，技术创新扩散过程中由个体接触带来的个体状态（采纳与否）转移，不仅受创新信息发布源或转发源的外界因素影响，还受个体自身主观决策影响。当个体在接触过程中接收到创新信息并对创新做出采纳决策时，才会转变成新的技术创新传染源，进而向其他个体传播创新信息。否则，该个体只处于被传染非传播的状态，并不能向关系网络扩散创新信息，从而造成整体网络中某一传播链的创新扩散暂时中止。

个体所处网络结构的不同以及在同一网络中所处位置的不同都会对个体接触过程产生影响。个体接触归根结底是信息的流动，某种信息在不同个体之间经由社会关系而实现的传递和迁移是个体接触过程的主要表现。由于个体接触过程是信息扩散过程的微观形式，网络结构通过对个体接触过程发挥影响能够决定信息扩散的速度与程度[230]。同时，个体间的接触行为发生得越频繁，那么他人对某一信息的接纳行为就越有可能引发个体自身对该信息的接纳。在创新信息扩散的过程中，个体对创新信息的感知依赖于个体所处的社会网络结构以及个体在社会网络中所处的位置。网络结构差异带来的影响可以从对不同类型复杂社会网络的比较研究中获得；而由所处网络位置的差异性造成的个体接触过程和最终信息扩散效果的差异，则可以通过分析网络的静态属性特征来揭示，如存在于非均匀网络中的富节点容易形成"富人俱乐部效应"（Rich-club Phenomenon）[231-232]。一般节点与之相比在接触过程和作用模式上都会呈现出显著的不同。

5.2.2 创新主体协同决策过程

网络主体之间的行为是相互影响的，主体的行为除了受自身能力的影响，还受其他主体行为的影响，也会影响其他主体行为，是多主体互动的结果。基于主体互动行为，网络中的主体可以共享其他主体的信息与资源，实现网络主体间的信息交换。主体间互动对个体协同创新行为产生影响，从而影响创新决策。因此，主体做出创新采纳决策并不完全是根据自己掌握信息做出理性决策的过程，其中还存在通过个体互动而改变决策的动态过程。主体间互动反映了嵌入网络中任何一行为主体通过关系纽带对其他主体行为产生影响。一项工程项目的实施环境可以看作一个复杂的社会网络，网络内任何一个主体的行为决策都会受到其他主体行为的影响，同时也会对其他主体行为造成影响。

从主体互动的角度来看，技术创新的采纳决策过程可以描述为：首先，基于关系获取所需要的信息、知识、资源；其次，个体对创新产生一种态度；最后，做出采纳或拒绝的决策。该行为过程会受到创新内在特性、创新采纳个体特性和外部环境因素的共同影响[233]。除了技术创新本身所能带来的价值外，项目参与组织本身的风险偏好、创新意识以及创新采纳主体自身的能力和战略选择等也会影响最终的决策。尤其是在工程项目技术创新高不确定性的影响下，外部环境因素对创新采纳决策起着更为关键和重要的作用。

与传统创新相比，有些工程项目技术创新带来的收益具有不确定性和不可准确估量性。例如，为提高工程项目可持续性所开展的技术创新活动，其价值体现在社会、经济、环境三个方面：在短期内，可持续性创新的经济效益没有优势，能够预期的经济效益仅是创新收益的其中一个目标；难以内部化的环境收益和环境收益所带来的社会声誉、竞争优势等社会效益也是可持续性创新收益的主要预期，但这些预期收益都很难甚至无法量化；项目组织在采纳可持续性创新时的目标也是模糊的，主要因为其具有很高的不确定性风险，而且创新效益的实现形式及条件也不明确。

由于决策者所掌握的信息和处理信息的能力有限，可持续性创新目标很难被精确地定义，也很难有明确的目标准则来预期创新收益。这些不确定性因素致使决策者会通过观察其他个体的行为模式来进行自己的决策行为，致使产生了一种从众心理。主体互动对采纳决策行为的影响如图5-4所示。当决策主体周围邻居(与主体有直接联结的个体)中采纳的个体越多，受到的影响就越大，主体采纳创新的可能性也就越大；个体理性程度越低，受他人影响越明显，则越容易出现从众效应。主体之间的联结结构影响潜在采纳个体所感知到的从众压力的大小，从而影响创新扩散的程度。

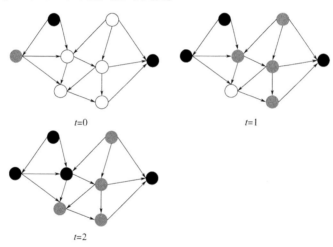

图5-4　主体互动对采纳决策行为的影响

5.2.3　创新主体互动作用过程

微观层面主体互动的结果产生了宏观层面创新的扩散，其主要原因在于创新的决策过程是主体间行为相互影响的结果，其基础是主体间互动过程，而主体间相互作用又仅在有联结的主体间发生。在有关系联结的条件下，个体之间产生接触，形成了创新相关信息的转移，其他项目组织一旦与采纳创新的主体接触就会接收到关于创新的相关信息，受到采纳个体的感染，成为技术创新的知情者。此时，有一部分主体成为新的创新采纳个体；随着信息扩散范围逐渐增大，越来越多的项目参与主体获取到技术创新的相关信息，更多的主体了解了技术创新的价值；随着邻居个体中创新采纳个体的不断增加会有一种社会压力迫使决策主体产生一种从众心理，致使非理性行为影响主体的采纳决策；当潜在采纳个体成为采纳个体后又会通过与其他个体接触扩散创新信息，循环往复形成交互作用。上述主体互动产生的交互作用模型如图5-5所示。

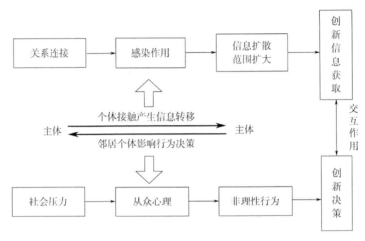

图 5-5　主体互动产生的交互作用模型

5.3　基于主体互动的技术创新协同级联效应模型

5.3.1　主体互动过程中个体状态转移

技术创新任务之间的相互依赖性致使参与相邻任务的组织(个体)以及参与同一任务的不同组织(个体)之间存在创新信息流动，这一过程伴随着个体的决策行为，并产生状态的变更。工程项目技术协同创新级联效应过程如图5-6所示，黑色节点代表技术创新采纳节点，节点a会向与其有联系的其他节点(b、c、d)传播创新的信息，信息的接受者会根据接收到的信息做出决策是否采纳创新，如

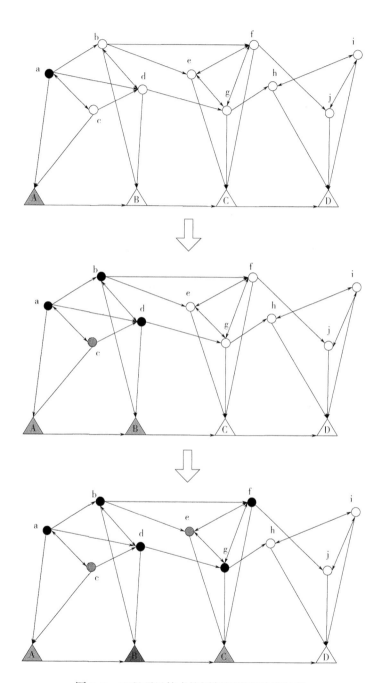

图5-6　工程项目技术协同创新级联效应过程

果采纳创新，个体状态发生改变，如节点 b 和节点 d 发生状态转变，由非采纳个体变成了采纳个体，如图中的白色节点变为黑色节点的过程；而此时同样与节点 a 有联结的节点 c 仅处于知情状态(灰色节点所示)，并没有发生状态转变；下一时刻，节点 b 和节点 d 成为新的传播节点，向与其有直接联系的节点 e、f、g 传播创新信息，随着网络中个体相继采纳创新，越来越多的组织(个体)加入工程项目技术创新，提高了整个项目的技术创新生产率。

5.3.2 工程项目技术创新协同级联过程分析

对工程项目技术创新协同级联过程的研究主要是为了分析哪些因素影响协同级联效果，从而得到影响工程项目技术创新多主体协同效果的关键要素。本书采用 Watts[234] 网络级联模型分析工程项目技术创新协同级联过程。

将工程项目各组织与组织间的关系看成 n 个节点构成的网络，网络中每个节点连接到其 k 个邻居节点的概率为 $P(k)$，平均邻居节点数量即网络平均度为 $\langle k \rangle$。在 Watts 模型中，如果一个节点的邻居个体中，创新采纳节点的比率等于或大于给定阈值 d，那么该节点将会演变成参与工程项目技术协同创新的节点。工程项目参与组织加入到技术创新协同级联过程的决定，主要依赖于其最近邻居节点的状态。因此，为每个节点安排一个阈值 d_i，并服从概率分布 $f(d)$，看作不同组织的创新偏好状况。每个节点的状态是可以用时间函数表示的二元变量 $v_i(t) \in \{0, 1\}$，其中，$v_i(t) = 1$ 表示节点加入到协同级联中，成为工程项目技术协同创新节点；$v_i(t) = 0$ 则表示节点没有发生状态(采纳与否)转变。网络中的任一节点，如果其邻居节点中创新采纳节点比率小于阈值 d_i，则该节点属正常状态，即 $v_i(t) = 0$；如果该比率大于阈值，则该节点将加入协同级联中，即 $v_i(t) = 1$。网络邻接矩阵 a_{ij} 表示工程项目参与组织，模拟其相互作用下协同级联过程如下：

1)每个节点根据给定的分布 $f(d_i)$ 赋予一个阈值 d_i。

2)假设初始状态下网络中大部分节点为正常状态，即 $v_i(0) = 0$，$\forall i$，选择一部分比率为 $S(0)$ 的采纳节点作为源节点，其功能是触发级联的产生。

3)依据以下的决策规则，更新每个节点的状态 $v_i(t)$

$$v_i(t) = \begin{cases} 1, & \text{if } \dfrac{1}{k_i}\sum_j a_{ij}v_j(t) > d_i \\ 0, & \text{否则} \end{cases}$$

4）重复步骤3）直到节点状态不再发生变更。

当级联达到稳定状态时，加入级联的节点密度为 $\dfrac{1}{n}\sum_{i=1}^{n}v_i(t)$，称为级联规模 S，记作 $S = \dfrac{1}{n}\sum_{i=1}^{n}v_i(t)$。

5.3.3 工程项目技术创新协同级联效应模型建立

基于前面两节对工程项目技术创新协同级联过程的分析，将参与工程项目的组织以及他们之间的关系看作一个网络。用 N 来表示网络中的组织节点，节点的连接范围反映了该节点在参与创新时与执行相同任务的个体以及衔接任务的个体的联结情况，用网络模型中的度 k 来表示，$S_k(t)$ 代表 t 时刻度为 k 的个体中参与协同创新的个体比例，$\dfrac{kP(k)}{\langle k \rangle}$ 表示任意连线指向度为 k 个体的偏好概率，其中 $\langle k \rangle = \sum_{k \geqslant 1} kP(k)$ 称为网络的平均度，则在 t 时刻入度为 k 的节点有一条边指向创新采纳个体的概率为

$$\Theta(t) = \frac{1}{\langle k \rangle}\sum_k kP(k)S_k(t) \tag{5-1}$$

t 时刻任意个体具有 k 个邻居，且邻居中恰好有 $a(a \leqslant k)$ 个创新采纳个体的概率由下面的二项式分布给出

$$B(k, a) = C_k^a \Theta(t)^a (1 - \Theta(t))^{k-a} \tag{5-2}$$

根据经典的集体行为阈值机制理论，当一个体的周围人群中达到一定数量的个体与其行为或决策不同时，这个个体就会感受到一种社会压力，致使其改变自己的想法，转而模仿大多数人的行为。在创新决策过程中，邻居个体采纳创新的数量 a 会影响自身的创新决策。用 $F(k, a)$ 表示主体间的互动机制，描述了主体之间决策相互依赖的方式和程度，也反映了主体内在偏好和外部协调在决策中所占的比重。$F(k, a)$ 可以将微观主体的决策行为和整个网络的宏观状态联系起来，决策阈值规则可以描述为

$$F(k, a) = \begin{cases} 1, & \dfrac{a}{k} > d \\[2mm] 0, & \dfrac{a}{k} \leqslant d \end{cases}$$

式中，$0 < d \leqslant 1$，数值越小代表个体对外界影响越敏感。

考虑主体互动作用，个体加入协同级联的概率为

$$R(a \mid k, \Theta(t)) = \sum_{a=0}^{k} C_k^a \Theta(t)^a (1 - \Theta(t))^{k-a} F(k, a) \tag{5-3}$$

利用平均场方法[228]得到网络中采纳个体比例变化率为

$$\frac{\mathrm{d}s_k(t)}{\mathrm{d}(t)} = (1 - S_k(t)) \sum_{a=0}^{k} C_k^a \Theta(t)^a (1 - \Theta(t))^{k-a} F(k, a) \tag{5-4}$$

当级联达到稳定状态时，即网络中的节点状态不再发生变化，$\dfrac{\mathrm{d}S_k(t)}{\mathrm{d}t} = 0$，此时，级联规模为

$$S = \sum_k P(k) S_k \tag{5-5}$$

式中，S 表示创新采纳个体的比率。

5.4 工程项目技术创新协同级联效应敏感性分析

依据上文构建的工程项目技术创新协同级联效应模型，模拟不同网络结构特性(网络的类型、规模、平均度)和不同初始采纳个体属性(采纳个体数量、采纳个体角色)因素影响下工程项目技术创新协同级联过程，从而比较不同条件下级联规模或级联速度的变化情况，识别影响工程项目技术创新协同级联效应的关键因素。

工程项目组织结构与管理模式是密不可分的，比较典型的工程项目管理模式主要有传统项目管理模式、建筑管理模式(Construction-Management，CM)、设计-建造模式(Design-Build，DB)、建造-运营-移交模式(Build-Operate-Transfer，BOT)等。CM 和 DB 是较为常见的两种建筑管理模式，尤其是 DB 模式常用于重大工程项目。本书选取 CM 和 DB 两种管理模式下的组织结构网络分析工程

项目技术创新协同级联效应对网络结构的敏感性。CM 和 DB 模式下工程项目参与方之间关系分别如图 5-7 和图 5-8 所示。

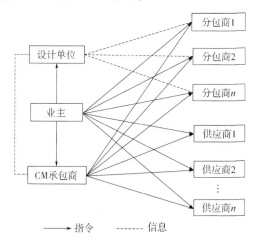

5-7　CM 模式下工程项目参与方之间的关系

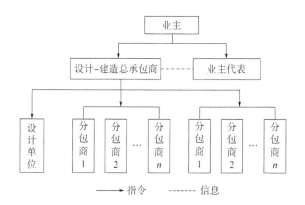

图 5-8　DB 模式下工程项目参与方之间的关系

由图 5-7 可见，CM 模式下工程项目参与方之间的连接呈现层级特征，两个层级的节点之间存在着较多的联系，集聚系数较低，可以近似将这种模式下个体网络看作成规则网络。记网络平均度为 $\bar{k}$，即平均每个个体有 $\bar{k}$ 个下属组织节点，则网络中边的总数为 $N\bar{k}$。

由图 5-8 可见，DB 模式下项目参与方之间的连接呈现金字塔型特征，本层级的组织节点均只受一个上级节点管理。假设上一级管理幅度为 D，则除网络

中处于最底层的节点外，所有网络节点的出度值均为 D，则网络平均度值为

$\dfrac{(N-n) \times D}{N}$，其中 n 为网络中最底层节点的数量。

5.4.1 网络结构特性的敏感性

1. 网络类型的敏感性

为了探究网络类型差异对级联效应的影响，本书选取 DB、CM 模式下的两种组织网络类型，设定网络规模为 $N=500$，$P(k)$ 是度为 k 点的比率，初始采纳个体比例设为 0.01，由系统随机选定 5 个个体作为初始采纳个体节点。针对每一种网络类型，分别进行 50 次循环实验并取其均值，可以得到图 5-9 和图 5-10 所示的结果。由于工程项目组织网络类型的差异，协同级联效应也表现出较大的异质性。依次观察图 5-9 和图 5-10 可以看出，这两种网络在级联规模的变化上具有显著差异。其中，级联规模和阀值 d 在 CM 网络上是单调递减关系，呈阶梯式递减。在 DB 网络中，随着 d 的增加级联规模也基本呈现递减关系，但是没有 CM 网络中所呈现的那种均态，总体上表现为单调减少模式。相比 DB 网络，CM 网络具有异质性，说明网络异质性特征改变了递减模式。

级联规模与阀值 d 之间的反向关系也说明了主体是否接受某一信息往往与

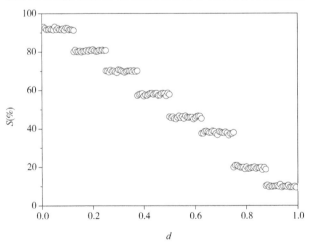

图 5-9　DB 模式下级联规模与 d 的关系

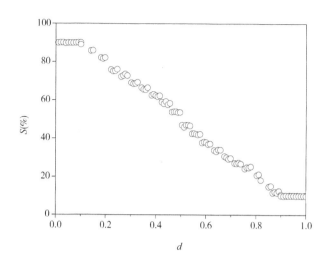

图 5-10　CM 模式下级联规模与 d 的关系

其受外界影响的敏感性有关。对外界影响越敏感，接受这一信息的可能性就越大，d 越大意味着其他主体对该主体的影响效应越小，就级联过程而言产生级联效应的机会也越小。

由此可知，工程项目技术创新协同级联效应对网络类型具有敏感性，网络类型的差异影响稳定状态下的级联规模。

2. 网络规模的敏感性

网络类型的区别可以从整体上反映网络结构特性的差异，但是网络结构的具体差异体现在一系列网络统计指标上，如网络规模、网络平均度等。由于 CM 网络中主体之间的连接紧密，几乎每个层级的主体间都存在着指令或信息的连接，改变 CM 网络指标更容易实现网络结构特性的差异化。因此，选取不同网络指标下的 CM 网络分析协同级联效应过程，模拟级联规模对网络规模、网络平均度的敏感性。

设定初始采纳个体比例为 0.1，由系统随机选定，阀值 $d = 0.3$。图 5-11 显示了网络规模对级联效应的影响，当网络规模 N 分别为 100、200、500、1000 时，级联达到稳态时的级联规模不具有显著的差异，说明网络规模对级联规模的影响较小。四种网络规模的级联达到稳态的时间有区别，网络规模越大，级联达到稳态的耗时越长，即级联速度越慢。这说明，网络规模影响级联速度。

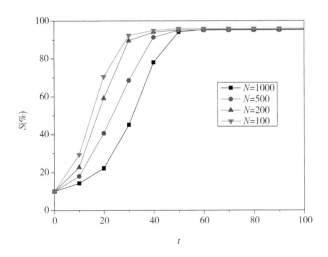

图 5-11　网络规模对级联效应的影响

由此得出，工程项目技术创新协同级联规模对网络规模不具有敏感性，即网络规模对级联规模不会产生显著影响；级联速度对网络规模具有敏感性，网络规模越大，级联速度越慢，级联达到稳定状态的时间越长。因此，在工程项目技术创新过程中为了尽快地使众多参与主体协同一致，需要控制创新合作团队规模，小规模范围内的协作更容易提高整体协调性。

3. 网络平均度的敏感性

网络平均度代表网络中相互连接的紧密程度。设定 CM 网络的平均度 $\langle k \rangle = 2m(m=2，4，8)$，初始采纳个体比例设为 0.1，由系统随机选定，阀值 $d = 0.3$。图 5-12 描绘了不同平均度网络中级联效应结果，当 t 在 0 到 20 之间时，网络平均度对级联规模的影响较为明显。在此期间，网络平均度越高，级联规模越大，说明网络平均度越高，瞬时级联速度在有限时间内也相对越高。这三种网络在级联达到稳态时的级联规模几乎是相同的，差异并不明显。

由此可知，工程项目技术创新协同级联效应在一定时间范围内对网络的平均度具有敏感性。网络连接越紧密，瞬时级联速度越快；网络的疏密程度对稳定状态下的级联规模无显著影响。因此，工程项目各参与方可以通过建立长期的战略伙伴关系保持稳定、紧密的联系，这有利于在技术创新的过程中多主体尽快达到协同状态。

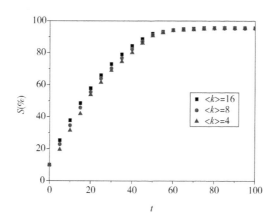

图 5-12　网络平均度对级联效应的影响

5.4.2　初始采纳个体属性的敏感性

1. 初始采纳个体数量的敏感性

通过分析初始采纳个体的数量及其在网络中的角色对协同级联规模或速度的影响，验证工程项目技术创新协同级联效应对初始采纳个体属性的敏感性。设定网络规模 $N=500$，仿真环境为 DB 网络结构，阈值 $d=0.3$；分别令初始采纳个体比例 $S(0)=0.03$，$S(0)=0.05$，$S(0)=0.02$，$S(0)=0.10$，$S(0)=0.20$，将实验重复 50 次并取其均值，以消除随机性对级联过程的影响，得到如图 5-13 所示的结果。

在设定 $S(0)$ 的取值空间内，随着 $S(0)$ 取值的增大，级联规模越高，当 $S(0) \geqslant 0.1$ 时，网络中基本达到完全级联（当 $S(0)=0.1$ 时，$S(100)=95.13\%$；当 $S(0)=0.2$ 时，$S(100)=97.05\%$）；级联规模随着 $S(0)$ 的增大出现大幅度增加状态，说明 $S(0)$ 越大，级联规模越大。从整体的趋势来看，初始采纳个体数量越多，级联达到稳定状态的耗时越短，平均每一步长增加的级联规模越大。

由以上分析得出，工程项目技术创新协同级联效应对初始采纳个体数量具有敏感性。初始采纳个体数量越多，稳定状态级联规模越大，瞬时级联速度越快。在工程项目技术创新过程中，最早决策创新的个体数量越多，越能带动组织网络中更多的个体采纳创新，促进个体参与协同创新。

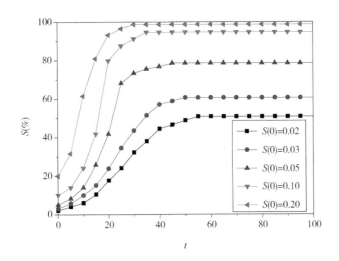

图 5-13　初始采纳个体比例对级联效应的影响

2. 初始采纳个体角色的敏感性

为了区分主体角色对级联效应的影响，设置三种初始采纳个体角色分配方式：Random 代表随机分配初始采纳个体角色；Top-down 代表初始采纳个体为建设单位/总承包商（CM 网络中为建设单位，DB 网络中为总承包商）；Grassroots 代表初始采纳个体为分包商。取 DB 网络和 CM 网络两种网络类型，设定初始采纳个体数量 $S(0) = 0.05$，分别重复实验 50 次并取其均值可以得到如图 5-14 所示的结果。从图中可以看出，在设定不同的网络结构、不同的初始采纳个体角色的情境下，级联达到稳定状态的时间也不尽相同。

当初始采纳个体是随机分配或是设定为建设单位/总承包商时，DB 网络的级联达到稳态的时间要少于 CM 网络所用的时间；当初始采纳个体是分包商时，两个网络的级联达到稳态的时间基本相同。其原因是产生级联的影响源所连接的个体数量会对最终级联速度产生影响。CM 网络中的建设单位和 DB 网络中的总承包商都是网络中具有较高度的个体，这也反映了他们在级联过程中的重要程度。

由此可以看出，工程项目技术创新协同级联速度对初始采纳个体的角色具有敏感性，初始采纳个体在网络中占据的位置能够深刻影响协同级联效应。因此，在工程项目技术创新过程中，尤其是在 CM 组织模式下，建设单位的技术

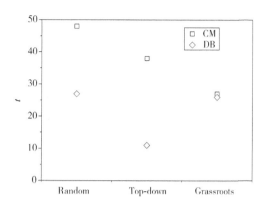

图 5-14　初始采纳个体角色对级联效应的影响

注：①Random 代表初始采纳个体角色随机分配。

②Top-down 代表初始采纳个体为建设单位/总承包商。

③Grassroots 代表初始采纳个体为分包商。

创新意愿在很大程度上影响其他主体的创新决策行为，最终影响整体协同效果。

5.5　本章小结

　　本章提出了工程项目技术创新协同级联效应的概念，分析了协同级联效应产生的原因——创新主体的互动，并剖析了其作用模式；结合主体互动过程中的个体状态转移特性，借鉴 Watts 网络级联模型构建了基于主体互动的工程项目技术创新协同级联效应模型；利用计算机仿真方法模拟协同级联效应过程，分析网络结构和初始采纳个体属性对协同级联效应的影响。实验结果表明，阈值 d_i 与级联规模呈负相关，网络类型的差别能够改变这种关系的具体呈现模式；工程项目技术创新协同级联效应对网络结构具有敏感性；工程项目技术创新协同级联效应对初始采纳个体属性具有敏感性。

第6章

案例分析

本章选取两个工程项目技术创新案例进行分析。案例一应用本书建立的网络指标体系对创新主体的联结关系进行测度，识别关键组织节点；通过对项目中绿色技术创新过程的分析，验证本书提出的技术创新协同级联效应过程。案例二以PC住宅建造技术创新为背景，从整体多主体协同网络层面验证多主体交互关系对技术创新的影响。结合两个案例分析结果，从管理者个体、组织和网络三个层面提出提升工程项目技术创新主体协同能力的策略建议，为工程项目技术创新管理实践提供参考。

6.1 案例一概况

6.1.1 项目简介

金域缇香项目(以下简称"JY项目")位于北京市房山区长阳镇高佃二村，规划总用地65 967m²，地上建筑面积15.64万m²，投资额44 300万元，建设时间为2013年5月到2014年5月。JY项目采用工业化方式建造，大部分预制安装，预制率达到56.6%，是北京市住宅建筑设计研究院产业化设计项目的标杆之一，应用了工业化建筑技术、BIM技术等先进技术，曾荣获"2013年首届工程建设BIM应用大赛"三等奖。

JY项目的建设理念是以低碳生态概念为出发点，将绿色、技术和科学的方法贯穿于项目规划、建筑、场地、景观设计以及建设中。建造小户型、高品质、高科技、低碳可持续发展的宜居生活住区，探索北京京投万科房产地产开发有限公司(以下简称"北京万科")住宅产业化的应用和推广。项目的规划设计尊重场地性，为满足北方人的"阳光情结"，场地布局紧紧围绕均好性原则，正南北向布局楼群空间，以文化的符号、场景、实物和空间使人、城市、建筑、自然融为一体。场地设计充分考虑居住区科学的日照、风压测算数据，形成适宜各个年龄的户外活动场所。结合现场土壤条件分析，在园区内不同区域采取相应的蓄水坑、隔水带、透气管等辅助种植技术措施，以改善园区种植环境。

6.1.2 技术创新的主要利益相关者

工业化建设项目利益相关者众多，不同主体在创新过程中扮演不同的角色。建筑企业是工业化建造技术协同创新的起始点，也是创新成果得以实现的重要环节。建筑企业在协同创新动力的驱动下，与其他创新主体选择性合作建立协同关系，提升资源利用效率，降低创新成本，提高各方的抗风险能力和创新成果转化率。建筑企业中的利益相关者包括勘察设计单位、建设单位、施工单位、部品供应商等项目全生命周期内的重要参与方。

政府也是协助工业化建造技术创新的主体。政府有关部门积极推动建筑工业化进程、提倡绿色建筑、倡导低碳和可持续发展理念，通过政策引导、相关法律法规、激励机制和关系协调等方式推动工业化建造技术协同创新进程；为工业化建造技术创新过程提供资金支持和政策法规支持，通过税费减免、完善立法、规范市场等方法鼓励建筑企业经费投入主动向技术创新倾斜；利用行政优势为工业化建造技术协同创新提供创新资源和基础设施支持，搭建创新平台，促进信息、技术的流动和扩散，监督和协调创新行为，规范创新活动。

高校和科研院所是工业化建造技术创新的技术支持主体。作为重要的利益相关者，高校和科研院所具有丰富的科研资源。高校能及时掌握科研热点，积极参与工业化建造体系、技术创新、管理制度、企业培育等多方面的研究，通过共有知识产权、技术转让等方式构建协同创新关系。科研院所通过提供贴近市场需求的技术咨询服务、技术开发和转让服务，结合其技术创新产业化经验，促进工业化建造技术创新。

金融与咨询中介机构也是工业化建造技术创新辅助的主体。建造产品的建设周期长、流动资金需求量大，尤其需要银行、信贷等金融机构为其提供大量资金支持以及投资可行性建议。人才中介和咨询公司等中介机构为工业化建造技术创新主体提供人才和技术支持、培训咨询服务等。中介机构作为沟通利益相关者的"桥梁"，提高了各方技术创新的可能性，推动协同创新成果向实际产出转化。

JY项目技术创新的主要利益相关者来自项目的各参与方，主要参与企业/机构见表6-1。

表6-1　JY项目主要参与企业/机构

参与方	企业/机构名称
建设单位	北京万科
咨询单位	北京预制建筑工程研究院有限公司
总承包商	中国建筑一局(集团)有限公司(以下简称"中建一局")
建筑设计单位	北京市住宅建筑设计研究院有限公司
规划设计单位	北京市住宅建筑设计研究院有限公司
科研院校	清华大学、同济大学
部品供应商	北京北新建材集团、万华实业集团有限公司、山东万斯达集团、宁波方太厨具有限公司、圣象集团有限公司、西蒙电气(中国)有限公司、深圳市瑞捷建筑工程咨询有限公司、深圳市深安企业有限公司等

6.1.3　JY项目技术创新多主体协同过程

为实现节约能源、减少环境污染、缩短项目工期、减少户外作业、降低能源及材料浪费的目标，作为北京万科产业化实践项目，JY项目采用一系列新材料、新技术、新工艺、新设备，包括：混凝土结构、钢结构、组合结构、新材料结构、围护结构等高性能通用部件系统；高精度施工装配技术；施工装配数字化控制技术；绿色建筑施工技术等。不同于传统建筑生产方式所关注的技术重点，工业化建造技术的重点在于工业化建筑、结构、设备、内装等的集成技术，PC建造技术、预制混凝土部品关键技术，可替换性、协调性技术，构建接口标准化和模数化技术等。因此，工业化建造技术更加注重设计、部品(构件)

生产、运输、施工安装等全过程的协调。

JY 项目中的技术创新涉及众多工作环节,从规划、设计到施工各阶段都伴随着创新活动,同时技术创新涉及多种类型,具有多样化特征。可以将整个项目过程中的技术创新活动划分为以下几个方面:规划设计创新、建筑技术创新、住宅部品创新、施工技术创新,具体的创新内容及主要参与组织见表6-2。

表 6-2 技术创新内容及主要参与组织

创新类型	创新内容	主要参与组织
规划设计创新	平面套型科学化、绿色环保技术、BIM 技术、绿色建筑技术	规划设计单位、建设单位、科研院校
建筑技术创新	新型结构体系全套技术,组合型、标准型、成套装配型技术	建筑设计单位、科研院校、建设单位
住宅部品创新	产业化、标准化生产,部品、构件的生产研究,绿色建材体系	部品供应商、建设单位、科研院校
施工技术创新	构件吊装、安装技术,节点连接技术,绿色高效施工技术体系	建设单位、施工单位、建筑设计单位、科研院校

北京万科作为技术创新主体协同的第一层级,较早地开展了技术创新研发活动,投入大量的资金与人员参与工业化相关技术的研发,并在工业化项目中对新技术进行了应用与实践。JY 项目技术创新协同的第二层级包括作为北京万科长期战略伙伴的科研院校,这些科研院校通过参与多项北京万科项目加入技术创新活动中。早在 2007 年,北京万科就相继与中国建筑科学研究院、同济大学、清华大学等科研院所及高校签订了产学研合作协议,围绕工业化技术开展技术创新。通过建立长期战略合作机制,这些机构之间形成了长期战略伙伴关系。

在 JY 项目建设过程中,北京万科与北京住宅建筑设计研究院、中建一局以及各类部品供应商因项目合同而缔结契约关系,他们之间是短期合作伙伴关系,作为协同创新的第二层级。项目施工总承包商中建一局按照设计文件的要求完成所承担工程的施工工艺创新部分,包括工程项目各阶段的技术工作,如对新研制的构件体进行吊装。中建一局和北京万科签署了住宅产业化战略合作协议，从产品研发到设计、从施工到构件生产全过程展开合作，并成立专门的 PC 工作室进行推进，共同在合作项目的基础上研发工业化住宅；北京住宅建筑设计研究院根据北京万科提出的项目需求，与其协同合作进行绿色技术创新；北京万科与部品供应单位开展行业关键共性技术和产业化示范引领的协同攻关，商讨项目进程中的技术问题，共同研发的建筑技术与预制构件产品有效地降低了能源消耗和材料浪费。JY 项目技术创新主体协同过程如图 6-1 所示。

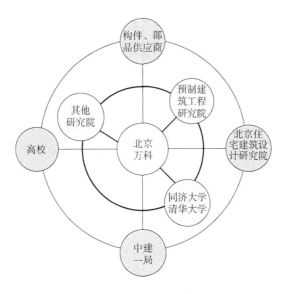

图 6-1 JY 项目技术创新主体协同过程

6.2 JY 项目技术创新主体交互关系网络构建

6.2.1 技术创新参与组织及作用

工业化建筑项目生产组织模式依据建筑产品形成过程，可以划分为设计、施工、部品生产、物流等。技术创新活动围绕项目展开，各环节密不可分，体现在设计标准化、生产工艺标准化、施工工法标准化，其设计过程对结果起决定性作用。在该项目技术创新过程中，各参与主体发挥着不同的作用。

由北京万科牵头与高校、科研机构签订住宅产业化相关的长期战略合作协议，对科研、设计、开发、部品、材料、物流等多行业进行技术创新，这些多主体同为技术创新的利益共同体。这些主体围绕工业化建筑相关的技术在建筑设计、项目施工、构配件生产等方面开展研究，为技术创新做好充足的准备。这种多主体联盟的模式为协同创新进行提前布局。围绕工业化建造的各个环节，相关建筑企业与科研单位开展住宅工业化项目相关的技术攻关。

建设单位的技术创新活动贯穿项目的整个生命周期，北京万科积极参与 JY 项目的前期结构、构件设计等环节，强化设计与构件生产衔接。在结构设计阶段综合考虑构件设计以及节点构造，创造在设计阶段实现构件下单加工的必备条件，实现施工图与构件加工协同工作；在构件生产加工环节，建立符合预制装配式住宅的绿色环保型预制构件生产基地，实现节能环保一体化的工业化建筑预制构配件生产平台，为住宅产业化项目提供保障。

政府通过制定激励政策积极引导，建立以住宅部品生产为主的住宅产业化基地。依托住宅产业化基地发展一批技术创新能力强、创新意愿高、竞争能力强的各类型企业，从工业化建造的一系列环节推动工业化建筑的发展。

总承包商为中建一局，它与北京万科有着丰富的合作经历，曾多次合作过工业化项目。中建一局以在建的产业化住宅施工为依托，总结工业化建设的相关技术，如预制构件吊装、安装技术以及绿色高效施工工艺，在技术层面给予支撑，确保设计、部品生产与安装环节紧密衔接。

部品供应商积极参与项目的前期策划、设计阶段，为工业化项目建筑主体提供安装、设计等技术，实现构配件与项目的集成配套；与北京万科进行项目合作，积极参与住宅产业化项目的全过程，切实参与项目的协同创新。

6.2.2 创新主体交互关系网络建立

该项目的技术创新活动贯穿项目的全过程，而且各项创新活动之间存在错综复杂的交错关系，有些组织可能同时参与多项创新任务的研发工作，会同时受到多个组织或个人的影响。交互关系建立是协同创新的开始，涉及正式的契约关系和非正式的协调合作等问题。问卷设计了基本信息资料问题(姓名、所属部门、职位、参与哪项技术创新)和4个问答问题："谁给你下达工作指令？" "你给谁下达工作指令？" "遇到技术困难你咨询谁？" "在完成创新任务时谁的信息给你提供帮助？" 这几个问题分别从业务和技术咨询两个方面反映合作伙伴在创新过程中的交互关系。前两个问题反映的是业务上的往来关系，后两个问题反映的是合作伙伴之间的依赖关系。基于这样一个姓名产生器(Name Generators)模式的问答方式，生成创新主体的联结关系网络。

JY项目的技术创新活动主要由北京万科牵头，组建产业化企业联盟，构建包括科研、设计、开发、部品、材料、物流等相关主体的技术创新机构，建设单位是技术创新活动主要带头人，总承包商是主要参与主体。因此，调查问卷的发放对象是技术创新的参与主体。

问卷第一轮发放主要是面向建设单位的行政人员和项目部成员。根据他们提供的常联系人列表，第二轮向总承包商8个人(工程副总1名、部门经理2名、土建工程师1名、暖通工程师1名、项目总监1名、部门主管2名)发放。而科研单位、咨询单位和部品供应企业直接参与项目的人员主要是一些管理人员，第三轮的调查对象人数相对较少，表6-3列出了参与调查问卷的个体分布情况。

表6-3 调查问卷分布情况

所属组织	人数
建设单位	10
总承包商	8
咨询单位	3
科研单位	3
部品供应企业1	8
部品供应企业2	2
部品供应企业3	2
部品供应企业4	1
部品供应企业5	1

构成创新主体交互关系网络的关键要素是网络中的点和线，将参与协同创新的个体看作网络中的节点，个体间存在的联结关系是网络中的线。调查问卷

中的问题决定了网络中链接的方向,如 A 向 B 发出指令,B 向 C 发出指令,则网络中就产生了 A→B→C 的链接。同理,如果 E 遇到技术问题向 F 咨询,并在没有主动寻求帮助的情况下从 D 获得有用信息,则有 D→E→F 的链接。通过这样的方式在 Excel 中整理数据,得到两个 57×57 邻接矩阵 A 和 B。在矩阵 A 中,若两个个体在创新任务上存在指令关系,则 $A_{ij}=1$,反之 $A_{ij}=0$;在矩阵 B 中,若两个个体在技术创新过程中存在技术交流,则 $B_{ij}=1$,反之 $B_{ij}=0$。

将 Excel 数据文件导入 UCINET6.0 中,借助 NetDraw 功能绘制网络图。正式网络,即指令网络(Order-management Network),如图 6-2 所示;非正式网络,即技术咨询网络(Technological-consultation Network),如图 6-3 所示。在工程项目技术创新过程中,指令网络代表随着正式指令下达,因任务信息流动项目参与主体所建立的联结关系;技术咨询网络代表项目参与主体在进行技术相关活动时,因技术信息交换项目参与主体所建立的联结关系。两种网络中都存在技术创新相关的信息、知识、资源等的流动。网络图中不同形状的节点分别代表个体来自不同的参与组织,方形代表建设单位主体,正三角形代表总承包商,圆圈代表咨询单位,菱形代表科研单位,倒三角形代表部品供应企业。

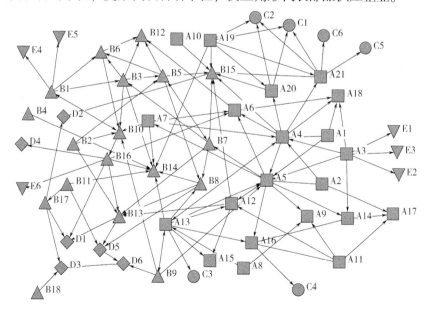

图 6-2 指令网络图

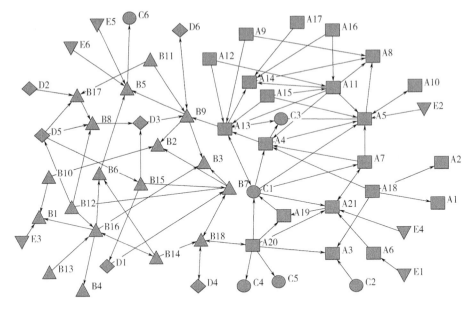

图 6-3　技术咨询网络图

6.3　JY 项目技术创新多主体交互关系测度与分析

6.3.1　交互关系网络属性及关键组织节点

1. 网络拓扑结构

通过 UCINET6.0 软件的网络指标输出功能，分别计算两个网络中所有节点的度值，得出指令网络与技术咨询网络度分布情况，如图 6-4、图 6-5 所示。由图中可以看出两个网络的度分布均呈现幂律分布状态，拟合优度分别为 $R^2 =$ 0.711 9 和 $R^2 =$ 0.797 2。具有这样特征的网络结构呈现出以下两种特性：

1）网络中的大部分个体具有较少的链接，仅有较少的个体占据大量的链接，具有很高的连通性，在网络中处于核心地位。

2）任意移除大部分个体不会影响网络的整体连通性，但是如果移除这些小部分的核心个体将会引起网络不完整。

指令网络根据上下级指令关系以及合同关系构建，具有目标一致性的特点，

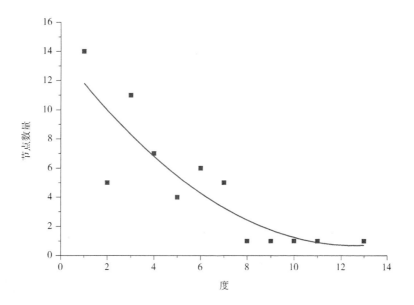

图 6-4　指令网络度分布情况

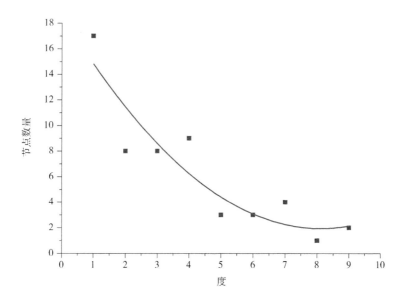

图 6-5　技术咨询网络度分布情况

受到制度的严格约束。新进入该网络的个体大多与管理人员连接，接收他们的指令，形成新的链接，使网络逐渐出现富者更富（Rich get Richer）的现象，管理人员扮演富节点的角色。在指令网络中移除非管理人员基本上不会改变网络现有特征，而移除主要的管理人员将会在很大程度上影响网络的连通性。

技术咨询网络虽然也具有暂时目标一致性特征，但是相比指令网络其受组织制度的约束相对较小，具有一定的自主性。个体可以根据自己的需求向组织内部和组织外部成员获取技术咨询。在技术创新过程中，需要这两种网络严格执行组织内部制度安排，同时又跨越制度约束进行自主的组织间交流与沟通，以提高跨专业知识的流通性。

2. 网络连通性

根据式(4-2)计算两个网络的连通性，Connection 值越高代表网络连通性越差。指令网络中的 Connection 值略大于技术咨询网络，主要是由于制度约束的强制性介入提高了网络的完整性。因此，为了提高网络连通性，可以适当地增加正式制度规定来强制执行某些连接。

在指令网络中，建设单位与总承包商依靠 B14、B15 两个个体进行连接，总承包商与咨询单位依靠建设单位的 A19、A20、A21 进行连接，如图 6-6 所示。这些节点在网络中起到"桥梁"的作用，将两个不同区域连接到一起，促进了网络中跨组织信息转移。"桥梁"一旦遭到破坏就会严重影响组织间指令的发送与接收，管理者要关注这些弱连接的质量，从而增强网络的连通性。

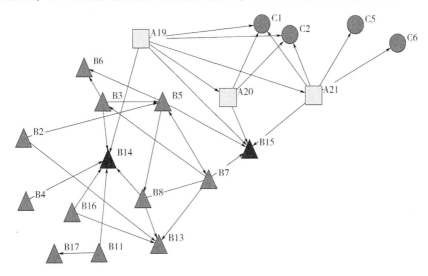

图 6-6　弱连接示意图

3. 网络有效性

网络有效性反映了网络中信息转移的质量，用平均测地线距离进行测度。根据式(4-3)计算两个网络的平均测地线距离，见表 6-4。技术咨询网络的平均测地线距离比指令网络略高，意味着其信息转移的有效性低于指令网络。平均测地线距离的数值表明，在指令网络中，任意一个个体大概需要通过 2 个人就能找到其他的个体，技术咨询网络中的任一个个体需要通过近 3 个人才能联系到其他个体。连接媒介越多，信息损耗越多，信息转移的有效性越差。

表 6-4　网络结构指标

网络类型	网络连通性	网络有效性
指令网络	0.039 1	2.134
技术咨询网络	0.030 4	2.986

在图 6-7 所示的局部技术咨询网络中，仅有两个节点(B9、B18)连接着建设主体与总承包商。总承包商中的 B16 要想联系到建设单位中的 A20，至少需

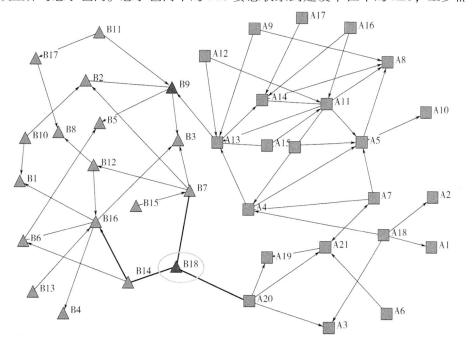

图 6-7　测地线距离示意图

要通过 2 个媒介（B14、B18）；总承包商 B7 与建设单位 A20 间没有直接联系，要想实现信息沟通需要通过 1 个个体（B18）做媒介进行联系。然而无论媒介个体多少，总承包商中任一个个体与建设单位中的 A20 进行联系都要由 B18 作为媒介，这也反映了 B18 的"桥梁"作用。中间媒介的数量会影响信息转移的质量，同样是获取 A20 的信息，通过 B18 与 A20 进行连接的 B7，相比需要 3 个步长连接到 A20 的 B16 所获得的信息损耗量稍少、信息的准确性略高。

网络中小团体模式的有效性也可以测度网络信息的转移质量。技术咨询网络是根据个体在技术研发过程中"从谁那里获得过对研究有用的帮助"作为问题收集数据，绘制交互关系网络图。由此可以认为，相连节点间在技术创新过程中有过互动。

较为理想的网络拓扑结构是组织中存在一些密度较高的小团体，同时各个小团体之间又具有联系。将一群相连的节点视为一个小团体，将技术咨询网络划分为 19 个派系（Cliques），见表 6-5。从技术咨询网络的小团队情况来看，以建设单位和总承包商个体构成为主。其中，建设单位个体所构成的派系大部分有个体重叠，意味着小团队之间不是孤立的，与其他小团队间存在联系。除了组织内部形成的小团队，建设单位的个体也与咨询单位个体构建了多个小团队，这说明两个组织之间存在密切的互动。但作为两个组织的高管人员，A3 与 C2 没有出现在任何一个小团队中，说明他们没有实际加入技术研发过程，不能提供有价值的技术帮助。

表 6-5　技术咨询网络中小团体情况

派系	组成成员
Cliques1	A4 A5 A7 C1
Cliques2	A4 A5 A11
Cliques3	A4 A5 C3
Cliques4	A5 A8 A11
Cliques5	A5 A11 A15
Cliques6	A11 A12 A13
Cliques7	A4 A11 A13

（续）

派系	组成成员
Cliques8	A4 A13 C1
Cliques9	A4 A13 C3
Cliques10	A11 A13 A14
Cliques11	A11 A13 A15
Cliques12	A8 A11 A14
Cliques13	A11 A14 A16
Cliques14	A19 A20 A21 C1
Cliques15	A7 A21 C1
Cliques16	B6 B14 B16
Cliques17	B7 B15 D1
Cliques18	B8 B17 D5
Cliques19	B8 B12 D5

在由总承包商构成的4个派系（Cliques16、Cliques17、Cliques18、Cliques19）中，有2个派系是封闭的（Cliques16、Cliques17），即没有与组织内部其他派系相连。相比建设单位，其组织内部的信息流通较差，不利于在技术创新过程中遇到复杂问题时进行沟通。创新活动主要的参与主体建设单位与总承包商之间没有出现有效的派系，仅有两个链接（A13-B9、A20-B18）连接两个组织，表明组织间的互动不频繁。技术咨询网络中小团队的分析表明，项目进程中的技术交流主要局限于组织内部，缺少跨组织间的技术咨询活动，这样的网络结构限制了技术创新的实现。管理人员要关注项目团队中处于"桥梁"位置的个体，鼓励跨组织的技术交互，以增强技术创新知识的多样性。

4. 关键组织节点

计算网络中占据重要位置个体的网络指标，包括出度（Outdegree）、入度（Indegree）、中间中心度（Betweenness）和接近中心度（Closeness），见表6-6、表6-7。结合4.2.3节关系能力指标的构建，识别关键个体在创新过程中扮演的角色。

表 6-6 指令网络中的关键组织节点网络指标

识别码	组织	度		中间中心度	接近中心度
		入度	出度		
A5	建设单位	3	10	1.627	88.235
A4	建设单位	5	6	3.708	71.429
A13	建设单位	3	7	2.468	68.182
B15	总承包商	7	2	2.354	75.000
B14	总承包商	7	1	4.381	75.000
B16	总承包商	1	6	3.945	62.500
A3	建设单位	0	7	2.281	75.000
A21	建设单位	2	5	3.977	75.000
B5	总承包商	3	4	3.734	68.182
B3	总承包商	2	5	2.468	62.500

表 6-7 技术咨询网络中的关键组织节点网络指标

识别码	组织	度		中间中心度	接近中心度
		入度	出度		
A5	建设单位	6	3	4.469	88.235
A13	建设单位	4	4	9.234	71.429
A11	建设单位	4	4	4.496	68.182
B9	总承包商	4	3	3.486	75.000
B16	总承包商	3	4	2.062	75.000
A4	建设单位	2	5	4.097	62.500
C1	咨询单位	3	4	8.941	75.000
A21	建设单位	5	1	8.118	75.000
A20	建设单位	1	5	6.015	68.182
B7	总承包商	2	4	5.894	62.500

由表 6-6 可以看出，B15 具有很高的入度，且与建设单位（B15～A20）和供应商（B15～D5）都有联系。他隶属于总承包商，负责收集项目施工现场数据，

与建设单位、供应商进行业务沟通，可以将其看作核心数据库，扮演看门人的角色，为组织内部过滤和引进信息，控制网络中信息流的流动；无论是在指令网络中还是在技术咨询网络中，建设单位的 A13 都具有较高的度值(10、8)和中间中心度(2.468、9.234)，说明他既是指令接发的核心，同时也积极参与技术交流互动。A13 的个体中心网络如图 6-8 所示。

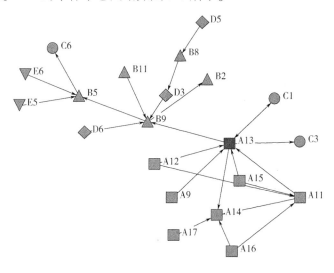

图 6-8　A13 的个体中心网络

从图 6-8 中可以看出，建设单位中的很多个体都要通过 A13 才能联系到总承包商中的 B9 和科研单位中的 C1 和 C3，说明 A13 在跨组织合作过程中起到"桥梁"的作用，不同组织间的资源通过 A13 得以流转。根据 A13 的网络指标特征，可以认为其扮演协调人的角色。A4 具有较高的中间中心度，说明其与外界个体的距离最短，能够很容易地接触到外界新的信息、资源、知识等，从而对新技术有更敏锐的洞察力。同时，A4 又是建设单位中的行政管理人员，在组织决策上具有一定的决策力，他作为创新的拥护者更有利于在组织内部开展创新活动。

通过对个体度以及中心度等网络指标的测度，结合 4.2.3 节提出的关键组织节点角色判别准则，分析 JY 项目技术创新过程中关键组织节点及其扮演的角色情况，见表 6-8。

表6-8 关键组织节点及其扮演的角色

关系能力角色	组织节点	组织	判定准则
看门人	A5、A13、A11、A21 B15、B14 C1	建设单位 总承包商 咨询单位	入度值≥4；个人中心网络密度>20%； 具有跨组织连接
协调人	A13、A21、A20 B7、B14、B16、B5	建设单位 总承包商	度值≥7；中间中心度>3
拥护者	A4、A5 B14	建设单位 总承包商	中间中心度>3；接近中心度>70；实 际职务为组织内部管理人员

6.3.2 技术创新协同级联效应分析

JY项目涉及多项技术创新，技术创新内容包括建筑技术创新、部品创新、施工技术创新等。理清技术创新协同级联效应的过程，需要选择一项具体的技术创新，对其扩散路径进行分析并总结规律。JY项目将绿色、技术和科学的方法贯穿项目规划、建筑、场地、景观设计及建设中。开展绿色技术创新是项目主要的技术创新行为。本书以绿色技术创新扩散过程为例，分析JY项目绿色技术创新协同级联效应。

由于工程项目参与组织(个体)众多，本书只考虑6.2节中由问卷得出的关键个体网络中绿色技术创新的扩散过程。6.2节构建的正式和非正式网络共同构成了JY项目关键个体信息转移网络，在此网络环境下，分析绿色技术创新的扩散过程。计算网络结构基本指标，网络规模$N=38$，网络的平均度$\langle k \rangle = \frac{1}{N}\sum_{i=1}^{N}k_i = 5$，结合式(5-1)，在$t$时刻入度为$k$的节点有一条边指向创新主体的概率为

$$\Theta(t) = \frac{1}{5}\sum_k kP(k)S_k(t) \tag{6-1}$$

阀值d代表网络中的任一节点，如果其邻居节点中，创新采纳节点比率小于阀值d，则该节点状态记为$v_i(t)=0$；如果该比率大于d，则该节点将加入协同级联中，状态记为$v_i(t)=1$。当级联达到稳定状态时，级联规模为

$$S = \frac{1}{38}\sum_{i=1}^{38}v_i(t) \tag{6-2}$$

$P(k)$ 是度为 k 的点的比率，JY 项目中绿色技术创新的初始采纳个体为北京万科管理层级，该网络中涉及 2 个个体，即初始采纳个体比例 $S(0) = 0.05$。绘制级联规模随着 d 的变化情况，如图 6-9 所示。

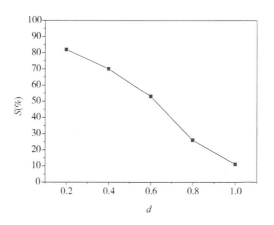

图 6-9　级联规模与 d 的关系

从图 6-9 中可以看出，随着 d 的增加级联规模呈现递减模式，与 5.4.1 节中仿真得到的 DB 模式下递减模式相似。其原因是 JY 项目是典型的 DBB 模式，与 DB 模式组织结构特征相似，DBB 模式的组织结构中项目参与方之间的连接也呈现金字塔型特征。但是这两种模式下的设计单位的隶属关系存在区别：DBB 模式下设计单位与总承包商属于同一层级，均属于建设单位的下一层级；DB 模式下设计单位是设计-建造总承包商的下一层级。级联规模与 d 的递减关系也验证了 JY 项目个体对外界具有敏感性，容易受到周边个体的影响，d 越小，接受绿色技术创新的概率越大。

为了寻找更好的主体互动模式，使 JY 项目绿色技术创新协同级联效应达到最佳效果，本书选取三种不同初始采纳个体属性，对比其协同级联过程，选取最佳模式。

Ⅰ状态：初始采纳个体为 2 个，则初始采纳个体比例 $S(0) = 0.05$，个体角色设置为部品单位，协同级联规模随着时间的变化情况如图 6-10 中Ⅰ所示。

Ⅱ状态：初始采纳个体为 2 个，即 $S(0) = 0.05$，个体角色设置为北京万科总经理，协同级联规模随着时间的变化情况如图 6-10 中Ⅱ所示。

Ⅲ状态：初始采纳个体为3个，即 $S(0)=0.08$，个体角色分别为2名北京万科工程部管理人员和1名中建一局项目部管理人员，协同级联规模随着时间的变化情况如图6-10中Ⅲ所示。

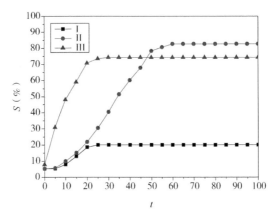

图6-10　初始采纳个体属性对级联效应的影响

注：Ⅰ：初始采纳个体为2个部品单位。

Ⅱ：初始采纳个体为2名北京万科总经理。

Ⅲ：初始采纳个体为2名北京万科工程部管理人员和1名中建一局项目部管理人员。

从图6-10可以看出：

Ⅰ状态，级联较早达到稳定状态。主要是由于初始采纳个体在网络中的度分别为1和2，均低于网络平均度。处于组织结构底层，是网络中的非关键组织节点，其信息扩散能力很小，导致技术创新级联时间很短。

Ⅱ状态，级联达到稳定状态耗时最长，级联规模最大。主要是由于初始采纳个体为2名北京万科总经理，这两个节点处于整个网络结构的最顶层，是网络中的核心节点。两个节点的度值分别为7和8，且与多个参与方个体有连接，其向外扩散创新的渠道较多。对绿色技术创新的推广作用具有深远意义，其功能是网络中任何节点都不能替代的。

Ⅲ状态，在趋于稳定状态过程中，级联规模呈现陡峭的峰形，说明该状态下瞬时级联速度最快。主要是由于初始采纳个体是2名北京万科工程部管理人员和1名中建一局项目部管理人员。3个个体的度分别为5、6、6，且其角色都是项目实施过程中的直接参与主体，与住宅建筑设计研究院、预制建筑工程研究院以及部分部品供应商都有联系。与其直接联结的第一层级范围较大，能够在较短时间内大幅度提升级联规模。

Ⅰ状态稳定状态下的级联规模明显低于具有同样初始采纳个体的Ⅱ状态。其原因是两种情况初始采纳个体角色存在差别，初始采纳个体角色越重要，对协同级联效应的影响越大。这也验证了级联效应对初始采纳个体角色的敏感性。

Ⅲ状态级联稳态的耗时少于Ⅱ状态，而Ⅱ状态的级联规模要略高于Ⅲ状态。Ⅲ状态初始采纳个体度值与Ⅱ状态相近，因此两个状态不存在初始采纳个体网络位置差异。造成级联速度差异的主要原因在于Ⅲ状态初始采纳个体数量略多于Ⅱ状态，验证了初始采纳个体数量越多，级联达到稳定状态的耗时越短。而Ⅱ状态下的级联规模要略高于Ⅲ状态。主要原因是相比项目部成员，北京万科总经理与多个部品供应商和科研机构都有直接连接，连接范围更具多样性，致使绿色技术创新扩散范围更广、最终级联规模更大。这也再次验证了初始采纳个体角色重要性对级联规模的正向影响。

因此，北京万科高管成员作为初始采纳个体时，JY 项目绿色技术创新协同级联效果最好。作为国内工业化建筑的龙头企业，北京万科要充分利用其较强的市场竞争力和良好声誉，吸引更多高校、研究院乃至总承包商签订长期战略合作协议，共同研发工业化住宅相关绿色技术创新，发挥倡导者与引领者作用，将绿色技术应用推广到更多的工程项目。

6.4　案例二概况

作为一种新型建筑生产方式，工业化建造技术能够节约资源和能源、降低环境污染、减少传统建筑业对大量劳动力的依赖、提高建设效率和建筑品质、促进建筑业的科技进步，对实现建筑业的可持续发展具有重要的作用。工业化建造技术的推进涉及多种技术、多个环节、多个利益相关者的协同创新，对技术创新投入和技术成果产业化推广的技术、管理、政策等方面的要求都很高。建筑工业化的生产方式涉及可研、设计、构件/部品制造、运输、安装等多个生产环节，以及来自不同利益相关者的不同专业技术的协调与集成应用，是包含多个利益相关者的生产方式。建筑工业化协同创新也涉及众多利益相关者，如政府部门、科研单位、高校、建设单位、设计单位、构件生产单位、施工单位等。本节以工业化建造技术创新为背景，进行多主体协同创新网络案例分析。

我国各开发建设单位和施工总承包单位对预制装配式住宅研究较多。例如：南京大地的"预制预应力混凝土装配整体式框架结构体系"；北京万科的"装配整体式剪力墙结构体系"；南通建筑的"全预制装配整体式剪力墙结构体系"；台湾润泰的"预制装配式框架结构"；沈阳宇辉的"预制装配整体式混凝土剪力墙结构体系"。

目前，我国华东区的部分城市，如南京、南通等地的工业化建造基地已经初具规模。此类工业化建造基地主要生产混凝土剪力墙、叠合板和框架柱、梁等预制构件，大量用于经济适用房和保障性住房施工中。北京、上海等一线城市以及广东等发达省份和东北地区也在加大工业化装配整体式结构的推广和应用力度。国家和部分省市已发行了相关的技术标准和工业化施工工法。

因此，本书重点选取包括北京万科、龙湖、远大住工、上海城建、上海建工、北京建工、绿城装饰、中建系统、利比等较早接触工业化建造领域的企事业单位作为重点调查对象，进行工业化建造技术创新多主体交互关系网络调研分析。

6.5　PC建造技术创新多主体交互关系测度

6.5.1　测度模型构建

测度模型中应包括以下4类变量：

1)被解释变量或因变量：工业化建造技术创新绩效(模型中简称为技术创新绩效)。

2)解释变量：互动频率、情感强度、互惠交换、网络规模、网络密度、中心性。

3)中介变量：关系强度、网络位置和促进条件，该变量在解释变量和被解释变量间起中介作用。

(4)调节变量：企业规模、企业性质和经验，对模型中的变量或者变量之间的相互关系具有潜在或直接的影响。工业化建造技术创新多主体交互关系测度模型如图6-11所示。

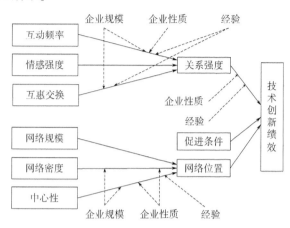

图6-11　工业化建造技术创新多主体交互关系测度模型

6.5.2　变量定义

模型变量定义见表6-9。

表6-9　模型变量定义表

研究变量		定义
被解释变量	技术创新绩效	应用工业化建造技术过程中所产生的成本降低、工期缩短、质量提高以及相关的技术专利等成果
解释变量	互动频率	单位时间内，两两利益相关者交流沟通的次数
	情感强度	利益相关者间情感联系的深厚程度
	互惠交换	利益相关者间以互利互惠为目的的信息、技术、资源等的交换
	网络规模	网络大小，即协同创新网络中所包含的利益相关者的总和
	网络密度	网络中存在的实际边数与可能存在的最大边数之比，即利益相关者间关系的紧密程度
	中心性	节点在网络中的重要程度和中介作用，以及对信息流动的观察视野

（续）

研究变量		定义
中介变量	关系强度	利益相关者间联系的紧密程度
	网络位置	利益相关者在网络中所处位置及其重要程度，行动者间的行为特点、网络密度、中心性等特性对其具有一定影响
	促进条件	利益相关者所接触到的能够为其认知、使用某建造技术提供帮助的有利条件，包括国家出台的相关政策、行业规范以及公司提供的培训活动等多方面的条件[1]

6.5.3　研究假设

模型中的假设包含关系假设和调节假设。工业化建造技术创新多主体交互关系测度模型中的单向箭线(除调节变量外)，箭头起于自变量，箭尾指向因变量，表明自变量影响因变量。关系测度模型中的关系假设见表6-10。

表6-10　关系测度模型中的关系假设

假设代码	自变量	因变量
H1	互动频率	关系强度
H2	情感强度	关系强度
H3	互惠交换	关系强度
H4	网络规模	网络位置
H5	网络密度	网络位置
H6	中心性	网络位置
H7	关系强度	技术创新绩效
H8	网络位置	技术创新绩效
H9	促进条件	技术创新绩效

调节假设指调节变量对核心影响因素间关系具有显著影响的一系列假设，即调节变量对模型关系路径影响的假设。例如，互动频率和网络关系存在一定关系，但认为不同的企业性质对二者关系影响的显著性不同。关系假设作为调节假设的前提条件，只有其成立，才能对调节假设的真实性进行进一步验证。

1. 关系变量和网络关系强度

互动频率、情感强度和互惠交换作为关系变量，从三个维度直接影响网络关系强度。调节变量同样对三个维度与关系强度之间的关系有不同程度的影响。以往部分研究结果表明，企业规模偏小者、非国有性质的企业和经验欠缺者更偏向于弱关系协同创新网络。通常认为，企业规模越小和经验欠缺的利益相关者越关注其互动频率对关系强度的影响能力，企业性质会影响互动频率和关系强度二者间关系的显著性；企业规模越大和经验欠缺的利益相关者越关注其互惠交换对关系强度的影响能力。由此，提出如下假设：

H1：互动频率显著影响关系强度。

H1a：互动频率显著影响关系强度，企业规模越小的利益相关者中二者关系更加显著。

H1b：互动频率显著影响关系强度，作为非国有企业的利益相关者中二者关系更加显著。

H1c：互动频率显著影响关系强度，经验欠缺的利益相关者中二者关系更加显著。

H2：情感强度显著影响关系强度。

H3：互惠交换显著影响关系强度。

H3a：互惠交换显著影响关系强度，企业规模越大的利益相关者中二者关系更加显著。

H3b：互惠交换显著影响关系强度，经验欠缺的利益相关者中二者关系更加显著。

2. 结构变量和网络位置

网络位置随着网络规模和网络密度的演化而发生变化，中心性越高的利益相关者具有的网络位置越重要。调节变量同样对三个维度的结构变量与网络位置之间的关系有不同程度的影响。通常认为，企业规模越大的利益相关者越关注其从自身所处的网络位置获取利益的能力，企业性质会影响网络密度和网络位置二者间关系的显著性。通常认为，企业规模越小、国有性质的企业和经验丰富的利益相关者，在中心性显著影响网络位置时表现更为显著。由此，提出如下假设：

H4：网络规模显著影响网络位置。

H5：网络密度显著影响网络位置。

H5a：网络密度显著影响网络位置，企业规模越大的利益相关者中二者关系更加显著。

H5b：网络密度显著影响网络位置，作为国有企业的利益相关者中二者关系更加显著。

H6：中心性显著影响网络位置。

H6a：中心性显著影响网络位置，企业规模越小的利益相关者中二者关系更加显著。

H6b：中心性显著影响网络位置，作为国有企业的利益相关者中二者关系更加显著。

H6c：中心性显著影响网络位置，经验丰富的利益相关者中二者关系更加显著。

3. 关系强度和技术创新绩效

关系强度对知识、信息等在网络中的传递和交换起重要作用。知识的传播往往发生于强关系的利益相关者间，但通过强关系获得的网络资源可能存在冗余。弱关系能够超越局部网络群体的限制，有利于获取无重复知识。通常认为，非国有企业性质和经验丰富的利益相关者更加注重关系强度对工业化建造技术创新绩效的影响。由此，提出如下假设：

H7：关系强度显著影响技术创新绩效。

H7a：关系强度显著影响技术创新绩效，作为非国有企业的利益相关者中二者关系更加显著。

H7b：关系强度显著影响技术创新绩效，经验丰富的利益相关者中二者关系更加显著。

4. 网络位置和技术创新绩效

基于现有的研究成果，多数学者赞同网络位置对技术创新绩效具有积极促进作用的观点[235]。不同的网络位置会影响企业从网络中识别、获取和利用信息技术的能力，合适的网络位置可以帮助企业更好地获取资源、探索有价值的信息[236]。由此，提出如下假设：

H8：网络位置显著影响技术创新绩效。

5. 促进条件和技术创新绩效

促进条件是指那些能直接影响技术创新绩效的因素。例如，政府政策走向、行业标准化程度和风险控制等方面的因素。以上因素，对工业化建造技术协同创新绩效作用显著。行业标准化文件的形成和实施对技术创新具有最直接的指导作用，企业风险控制能力的强弱在很大程度上影响新建造技术的吸收和采纳。由此，提出如下假设：

H9：促进条件显著影响技术创新绩效。

综上，将具体研究假设整合于工业化建造技术创新多主体交互关系测度基础模型中，得到最终的测度模型，如图6-12所示。

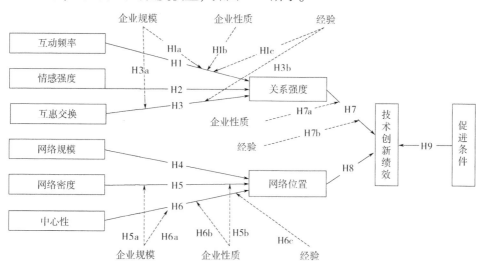

图6-12 工业化建造技术创新多主体交互关系测度模型

6.6 调查方案的设计

6.6.1 调查问卷设计

本案例分析以 PC 住宅建造技术创新为背景，对其多主体交互关系进行研究，由于相关数据无法直接获取，因此采用调查问卷方式进行交互关系数据的收集。根据以往研究、通过征求专业人士意见，并结合其他资源，进行本问卷的设计工作，经发放、数据回收和案例分析展开研究。

问卷为最常使用的数据收集工具，其设计的合理性直接决定研究可靠性，也是保证数据信度和效度的基础。因此，应重点结合研究目的进行内容设计，不使用有歧义和误导性的词语、句式，充分考虑答卷人特点。问卷内容主要针对工业化建造技术创新过程中多主体的交互关系展开，进行变量设计，采用里克特(Likert)五分量表法打分，数字评分 1～5 表示级别递进，依次为非常不符合、不符合、一般、符合和非常符合。

问卷设计程序如下：

1)系统性梳理大量相关文献，借鉴其中被广泛接受的理念和权威的构想，选取被广泛引用的变量测度指标，形成调查问卷的第一稿。

2)征求经验人士的意见，对题目设计、研究变量间的逻辑关系以及格式排列等进行分析修改。根据经验人士的意见和建议调整选项，剔除强学术性和过于专业性的表述，提高问卷的实用性，形成调查问卷的第二稿。

3)对专业人员进行预测试，通过测试后形成问卷终稿。将问卷在线发给若干名相关企业工作人员进行预测试。根据回答情况检测调查效果，通过测试后形成调查问卷的终稿，详见附录。

为保证问卷和数据的客观性和真实性，多关注近期情境，力求符合工业化建造的最新动态。为避免涉及敏感或企业详细资料，问卷选项仅为表示范围的数字域；为避免暗示性和误导性，不对研究项目之间的逻辑关系加以阐述。问卷内容如下：

1）基本信息。要求被调查者填写个人和单位的基本情况。个人基本情况包括工作单位、工作年限、受教育程度和职位等；单位的基本情况包括企业规模、企业性质、业务属性和其他与工业化建造技术相关的基本情况。

2）模型中的影响因素包括互动频率、情感强度、互惠交换、网络规模、网络密度、中心性和促进条件。量表设计阶段，应以保证样本数据可靠性为前提，选取同类问卷中的类似内容作为问卷设计依据，根据工业化建造技术创新主体间的相互作用关系展开。调查问卷的量表内容见表6-11。

表 6-11　调查问卷设计

变量	序号	测量项目
互动频率	IF1	我单位经常与外界接触以获取顾客和市场需求信息
	IF2	我单位与业务伙伴具有高频率知识、信息、技术等交流
	IF3	我单位鼓励员工通过多种渠道从外界获取新技术和新资源
情感强度	EN1	我单位与业务伙伴具有良好合作关系
	EN2	业务伙伴有进一步和我单位加深合作的意愿
互惠交换	RE1	业务伙伴可以补充我单位内部资源的不足
	RE2	我单位明确与业务伙伴合作过程中的共同利益及自身利益
	RE3	业务伙伴所掌握的资源和技术我单位无法模仿
	RE4	我单位重视合作，努力为协同创新创造条件
网络规模	NS1	我单位的业务伙伴数量远高于同类单位平均水平
网络密度	ND1	我单位在与业务伙伴合作过程中表现活跃
	ND2	我单位对业务伙伴的态度、行为影响很大
中心性	CEN1	我单位对信息、知识和技术等在利益相关者间的传播过程起控制作用
	CEN2	我单位在与业务伙伴合作中具有战略重要性
	CEN3	我单位在与业务伙伴合作中较少受其他单位控制
关系强度	TS1	我单位与业务伙伴多具有长期合作关系
	TS2	我单位和业务伙伴亲密程度较高
	TS3	我单位与业务伙伴间相互信任

（续）

变量	序号	测量项目
网络位置	NP1	我单位在合作中处于优势地位
	NP2	我单位是利益相关者间的关系纽带
	NP3	我单位能够快速获取外部资源、探索有价值的信息
促进条件	FC1	已有相关政策支持 PC 建造技术的扩散
	FC2	行业已有标准化文件为 PC 建造技术提供指导
	FC3	使用 PC 建造技术存在合同等方面的风险
技术创新绩效	TI1	我单位已经接触并使用 PC 建造技术
	TI2	我单位致力于工业化建造技术集成与示范工程建设
	TI3	我单位参与 PC 建造技术的规程、规范或标准等编写
	TI4	我单位拥有的 PC 建造技术的相关专利、工法较多

6.6.2 问卷发放与回收

真实有效的数据是进行问卷处理的基础。为保证样本的数量和质量，在问卷的发放对象、发放方式上需要进行严格管理。

在发放对象上，将答题对象界定为工作经验丰富的人员或者中高层管理者，这类群体对企业内部情况较为了解，能更有效地回答问卷中题项。本研究问卷需求量较大，且经验数据表明管理人员问卷回收率较低。因此，在问卷发放方式上，为保证数据回收的时间和质量，通过协会、咨询公司和朋友关系发放问卷，主要以网络发放为主。完成数据收集后，统计问卷回收和有效问卷数量，并进行数据分析，完成对关系模型的测度。

问卷发放中，在地域、企业性质、企业规模等方面样本数据应尽可能具有差异性和广泛性。问卷互联网发放主要通过问卷星专业问卷调查平台开展。互联网发放降低了调研成本，方便回答；纸质问卷为辅助发放方式，针对集中参加相关培训的相关企业的中高层领导。

本问卷网络途径回收 208 份，其中有效问卷 185 份，无效问卷 23 份，有效率达 88.94%。在样本统计中，答案质量存在显著问题的问卷视为无效，个别缺失值的问卷进行处理后视为有效。缺失值处理方法为以数列平均值替换缺失值。

现有研究中针对样本容量的结果存在较大差异，不乏矛盾的结论。有学者建议样本容量 N 越大越好，$N/p > 10$（p 为指标数目）；部分学者指出模型样本容量可在 $100 \sim 200$ 之间。当样本容量较少时，可通过增加变量的指标数来提高稳定性。本研究回收的有效样本数量满足结构方程的使用要求。

6.6.3 基本统计分析

基本统计分析一般包括对样本数据进行描述性统计，以及对样本基本信息的分类统计分析。

1. 样本描述性统计

描述性统计是将样本数据加以分类、进行处理或绘制成直观的图表形式，用于描述和分析数据特征和变量关系。利用该方法，可得到样本数据的基本特征。

利用 SPSS 软件分析样本数据，包括对样本均值（Mean）、标准差（Std）、方差（Var）、偏度（Kurtosis）、峰度（Skewness）等基本统计特征的分析，汇总于表6-12。因采用里克特五级量表进行测量，用 $1 \sim 5$ 代替选项答案进行分析，数据标准差和方差较小。样本数据差异较小，使得样本数据较为集中。在样本数据描述性统计中，偏度一列正值较少，多数变量绝对值偏高，说明样本数据偏斜程度较大。峰度指标负值居多，说明样本数据最大值多在正态曲线峰值下方，较平滑，可能是由被调查者的相似性而导致的。

表6-12 样本数据描述性统计汇总表

变量	N	M	Std	Var	Kurtosis	Skewness
IF1	185	3.816 2	0.925 93	0.857	−0.788	0.801
IF2	185	3.864 9	0.907 76	0.824	−0.698	0.448
IF3	185	3.918 9	0.908 25	0.825	−0.851	0.923
EN1	185	4.043 2	0.799 64	0.639	−0.401	−0.535

（续）

变量	N	M	Std	Var	Kurtosis	Skewness
EN2	185	4.043 2	0.785 93	0.618	−0.620	0.515
RE1	185	3.832 4	0.839 92	0.705	−0.453	0.022
RE2	185	4.102 7	0.850 35	0.723	−0.842	0.529
RE3	185	3.551 4	0.097 83	0.205	−0.182	−0.912
RE4	185	4.194 6	0.810 91	0.658	−0.927	0.876
NS1	185	3.837 8	0.981 17	0.963	−0.471	−0.472
ND2	185	3.789 2	0.702 40	0.493	−0.442	0.340
ND3	185	3.729 7	0.795 66	0.633	−0.457	0.266
CEN1	185	3.751 4	0.979 58	0.960	−0.605	0.285
CEN2	185	3.859 5	0.903 93	0.817	−0.700	0.476
CEN3	185	3.729 7	0.879 99	0.774	−0.555	0.604
TS1	185	3.913 5	0.829 54	0.688	−0.587	0.285
TS2	185	3.913 5	0.822 96	0.677	−0.252	−0.656
TS3	185	3.989 2	0.872 21	0.761	−0.774	0.597
NP1	185	3.978 4	0.926 40	0.858	−0.537	−0.253
NP2	185	3.962 2	0.957 62	0.917	−0.712	−0.043
NP3	185	3.659 5	0.697 61	0.487	−0.392	0.109
FC1	185	3.118 9	0.812 22	0.660	0.024	0.260
FC2	185	3.027 0	0.823 78	0.679	−0.050	0.230
FC3	185	3.335 1	0.831 52	0.691	−0.467	0.115
TI1	185	3.275 7	0.923 55	0.853	−0.535	0.122
TI2	185	3.227 0	0.951 16	0.905	−0.278	−0.528
TI3	185	2.800 0	0.960 07	0.922	0.411	−0.690
TI4	185	2.908 1	0.948 22	0.899	0.108	−0.572

2. 基本信息统计

针对问卷中基本信息的调查内容，将被调查者的学历、工作年限、企业性质、企业业务类型分别进行表述，如图6-13、图6-14、图6-15、图6-16所示。
对目前各单位工业化建造技术创新情况的表述如图6-17所示。

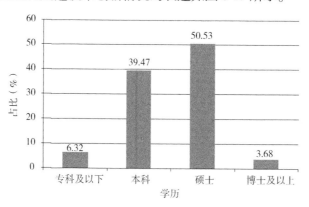

图6-13 被调查者的学历

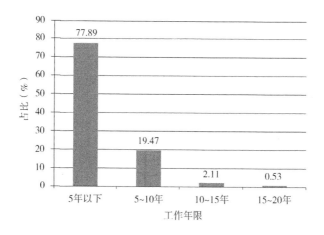

图6-14 被调查者的工作年限

被调查对象的学历和工作年限统计如图6-13和图6-14所示。统计结果显示，专科以下和博士及以上学历的被调查者占10%，教育水平以本科和硕士为主，占90%。被调查人者的工作年限以5年以下为主，5～10年比例占20%左右，10年以上比例很小。统计结果表明，本次被调查对象的教育背景良好，工作年限10年以下的占有绝大比例。工业化建造技术近年来再次被倡导，大部分被调查者都具有长期的工程实践经验，并对该领域都具有一定的认识和了解，因此能够基本保证所获取数据的有效性。

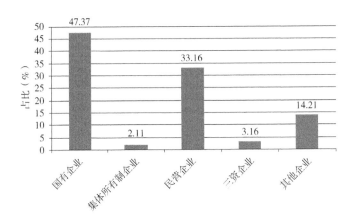

图 6-15 企业性质分布图

图 6-15 说明，本次调查的企业类型及其所占比例以国有企业 90 家 (47.37%) 为最多。本书调查对象以大型建筑施工单位、房地产开发单位和勘察设计单位为主，这类企业多为具有较深资历的国有企业或部分实力雄厚的民营企业。因此，本次调查中，企业性质分布结果以国有企业和民营企业为主。下文进行调节变量假设关系分析，可以按企业性质将被调查者所属企业分为国有企业和非国有企业(以民营企业为主)两组。

由图 6-16 被调查者所属企业的业务属性饼状图可知，建设单位和施工总包单位占样本总量的 59.48%，部品供应单位作为工业化建造的特有利益相关者，

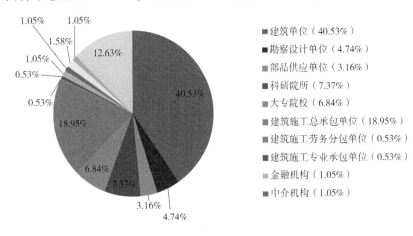

图 6-16 企业业务类型比例图

其与科研院机构所占比重也较大(大于10%)，可满足问卷对调查样本的需求。

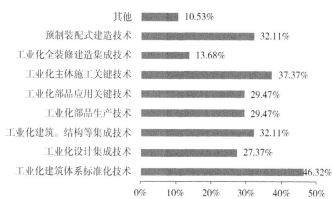

a)

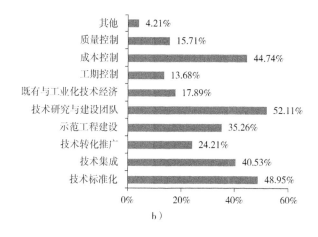

b)

图6-17 企业工业化建造技术协同创新情况

a)目前各单位接触或使用的工业化建造技术 b)目前各单位的创新需求

由图6-17a得出结论：工业化建造体系标准化技术、工业化主体施工关键技术以及预支装配式建造技术是被调查人员从业单位接触最多、使用最广泛的工业化建造技术；从6-17b中可以看出，在工业化建造技术协同创新过程中，各利益相关者在技术标准化、技术研究与建设团队和成本控制方面存在显著的创新需求。该项调查结果和我国目前工业化建造技术的水平和存在的重点、难点问题相匹配。

6.7 PC建造技术创新多主体交互关系分析

6.7.1 数据分析

1. 信度分析

信度是指测量结果的可信程度，包括测量结果的一致性、稳定性和可靠性三个表现特征，通常以测量结果的内部一致性表示其高低。信度系数高表示测量结果在信度这一检验指标上具有更高的可靠程度。相比于较常用的重测信度、复本信度和折半信度等几种信度分析方法，本书采用使用更为广泛的 α 信度系数法（Cronbach's α）对样本数据信度进行检验，去除对样本变量测量结果信度不利的指标。公式为

$$\alpha = \frac{k}{k-1}\left(1 - \frac{\sum_{i=1}^{k} S_i^2}{S_x^2}\right) = \frac{k}{k-1}\left(1 - \frac{\sum_{i=1}^{k} \delta_i^2}{\sum_{i=1}^{k} \delta_i^2 + 2\sum_{i}^{k}\sum_{j}^{k} \delta_{ij}}\right) \quad (6\text{-}3)$$

式中，k 为测量量表中题项数目的总和；δ_i^2 为第 i 题项的方差；δ_{ij} 为第 i，j 两题项的协方差；S_i^2 为第 i 题的变异数，或第 i 题的题内方差；δ_x^2 为总分的变异数，或全部题项的题总方差。

原则上，根据 Cronbach's α 法测得的一致性信度系数，其值要保持在 $0 \sim 1$ 间波动。Cronbach's α 的测量值和其所对应的信度程度总结见表6-13。

表6-13　Cronbach's α 值及其信度汇总表

Cronbach's α 值	$0.000 \sim 0.350$	$0.350 \sim 0.700$	$0.700 \sim 1.000$
信度	较差	可接受区间	较好

样本数据中各变量的信度分析结果见表6-14。

对于网络位置，Cronbach's α 值为 0.685，处于 $0.350 \sim 0.700$ 的可接受区间内。分析网络位置各子项的相关性，将其总计统计量结果汇总见表6-15。对于促进条件，Cronbach's α 值为 0.674，处于 $0.350 \sim 0.700$ 的可接受区间内。分析

促进条件各子项的相关性，将其总计统计量结果汇总见表6-16。

表6-14 信度分析结果

研究变量		Cronbach's α 值
解释变量	互动频率（IF）	0.758
	情感强度（EN）	0.703
	互惠交换（RE）	0.726
	网络规模（NS）	0.707
	网络密度（ND）	0.837
	中心性（CEN）	0.792
被解释变量	技术创新行为（TI）	0.821
中介变量	关系强度（TS）	0.751
	网络位置（NP）	0.685
	促进条件（FC）	0.674

表6-15 网络位置项总计统计量

	项已删除的刻度均值	校正的项总计相关性	多相关性的平方	项已删除的 Cronbach's α 值
NP1	7.621 6	0.575	0.393	0.487
NP2	7.637 8	0.627	0.421	0.407
NP3	7.940 5	0.336	0.120	0.768

表6-16 促进条件项总计统计量

	项已删除的刻度均值	校正的项总计相关性	多相关性的平方	项已删除的 Cronbach's α 值
FC1	6.362 2	0.499	0.346	0.563
FC2	6.454 1	0.619	0.411	0.395
FC3	6.145 9	0.358	0.154	0.741

根据表6-15和表6-16，为保证模型信度良好，删除网络位置题项中的NP3和促进条件中的FC3。经调整，网络位置的 Cronbach's $\alpha = 0.768 > 0.700$，促进条件的 Cronbach's $\alpha = 0.741 > 0.700$，信度良好，问卷的整体信度满足要求。

在表6-14中，除了NP3和FC3两个变量外，其他变量的信度分析值都满足Cronbach's $\alpha > 0.700$。这表明针对除网络位置和促进条件之外的变量，样本数据整体信度较好。

2. 效度分析

效度表达某项研究的有效性，即真实和准确程度，说明研究成果达到目标的程度。效度用来表征测量工具或测量手段准确检验样本特征的有效程度。效度分析的目的在于研究样本数据的分布特征，其值的高低表征研究结果与样本数据实际特征的相符性高低，主要从内容效度、收敛效度和区别效度三个常见维度对效度进行检验分析。

作为效度分析的有效手段，通过因子分析排除共线性对分析结果的影响。因子分析是在保证模型完备性的基础上，经过主成分分析提炼出尽可能少的、相关性不明显的综合指标。

本案例中的调查问卷是在总结各相关理论的基础上，借鉴相关研究中效度较高的同类问卷基础上进行设计的，因此认为本调查问卷的内容效度通过检验。收敛效度针对模型变量中各子项间的相关性进行分析，通过剔除冗余题目内容，使测量内容无重复，提升模型变量的收敛能力。区分效度则针对非同类变量指标间的差异性进行分析。收敛效度检验测量量表的简洁程度，区分效度检验测量量表全面性程度。

利用探索性因子分析进行检验，其评价规则如下：综合性因子通过内部一致性检验；收敛效度，需满足指标因子载荷量 > 0.50；区分效度，需各指标具有唯一的公共因子，且因子载荷接近1，其他的因子载荷应趋近0。

为确定样本数据是否适合进行因子分析，一般先进行KMO样本测度以及巴特利特球形检验（Bartlett's Test of Sphericity），根据分析结果进行判断。KMO统计量保持在0.50以上，且Bartlett's球形检验满足0.05的显著性水平才适合做探索性因子分析。变量间的偏相关系数平方和与简单相关系数平方和差距越显著，KMO统计量越接近1，变量间的相关性就越强，就越适合进行因子分析。KMO样本检测的评价标准具体如下：当KMO值 $\in [0, 0.500)$ 时，表示检测数据不适合做因子分析；当KMO值 $\in [0.500, 0.600)$ 时，表示勉强适合；当

KMO 值 $\in [0.600, 0.700)$ 时，表示不完全适合；当 KMO 值 $\in [0.700, 0.800)$ 时，表示一般适合；当 KMO 值 $\in [0.800, 0.900)$ 时，表示很适合；当 KMO 值 $\in [0.900, 1)$ 时，表示特别适合。利用 SPSS 软件对样本数据进行上述检验，结果见表 6-17。

表 6-17　KMO 统计量和 Bartlett's 球形检验表

Bartlett 的球形度检验		KMO 度量
Approx. Chi-Square	2 408.046	
df	378	0.872
Sig	0.000	

表 6-17 数据显示 KMO 度量结果为 0.872，应有 $0.900 > 0.872 > 0.800$，处于"很适合"的区间内，该样本数据适合因子分析。在 Bartlett's Test of Sphericity 中，统计量的观测值为 2 408.046，其值很大，统计显著性为 0.000，满足 0.001 的显著水平。根据 Kaiser 标准，可知原始数据相关性显著，测量的问题均适合进行因子分析。利用主成分分析法对样本变量进行因子分析，其旋转成分阵见表 6-18。

表 6-18　旋转成分矩阵

变量	成分					
	1	2	3	4	5	6
IF1	0.633	0.222	0.033	0.071	−0.049	−0.016
IF2	0.646	0.427	−0.034	−0.119	0.172	0.182
IF3	0.642	0.367	−0.001	0.012	0.027	0.212
EN1	0.737	0.005	−0.020	0.229	0.058	0.090
EN2	0.696	0.016	0.002	0.233	0.085	−0.085
RE1	0.547	0.121	−0.092	0.137	0.114	0.163
RE2	0.542	0.128	0.147	0.185	−0.026	0.246
RE3	−0.010	0.830	0.088	0.018	−0.025	0.149
RE4	0.451	0.477	0.034	0.183	−0.105	0.211
NS1	0.265	0.674	0.180	0.282	0.011	0.112
ND2	0.425	0.302	0.199	−0.156	0.154	0.613
ND3	0.411	0.350	0.108	−0.309	0.121	0.527
CEN1	0.183	0.383	0.284	0.135	0.066	0.732
CEN2	0.344	0.212	0.165	0.161	0.074	0.596
CEN3	0.182	0.176	0.008	0.242	0.027	0.781
TS1	0.223	0.124	−0.015	0.687	0.093	0.369

（续）

变量	成分					
	1	2	3	4	5	6
TS2	0.159	0.311	−0.007	0.706	−0.018	0.165
TS3	0.246	0.154	0.079	0.486	0.603	−0.051
NP1	0.251	0.081	0.002	0.300	0.720	0.036
NP2	0.360	0.107	0.096	0.140	0.663	0.059
FC1	0.076	−0.078	0.262	0.160	0.747	0.093
FC2	0.010	−0.021	0.388	0.136	0.731	−0.043
TI1	0.162	0.264	0.633	−0.067	0.157	0.330
TI2	0.148	0.115	0.823	0.096	0.016	0.091
TI3	−0.112	−0.079	0.795	−0.063	0.273	−0.084
TI4	0.033	0.113	0.826	0.025	0.191	−0.098

注：提取方法：主成分；旋转法：具有 Kaiser 标准化的正交旋转法；旋转在 8 次迭代后收敛。

参照因子载荷量大于 0.50 的标准，将各指标归类到相应的 6 个因子中，每个指标唯一匹配公共因子中的载荷值最大的一个，对应关系见表 6-18 边框位置。各因子的累计方差贡献率和为 61.645%。总体上看，各因子的方差贡献率较为均衡。

以上分析结果表明，样本数据在内容效度、收敛效度和区别效度方面均通过了检验，满足对调查问卷数据分析的基本要求。

6.7.2 模型拟合

结构方程模型（Structural Equation Modeling，SEM）是一种基于统计分析的研究方法，可有效解决复杂的多变量数据分析问题，用于构建、预测并检验因果关系。较为流行的 SEM 分析软件有 Lisrel、Amos、Eqs 和 Calis 等，本书选取 Amos 软件根据前一章中构建的关系模型对样本数据进行分析，完成模型拟合过程。

首先，进行路径分析（Path Analysis），分析变量间的因果关系，即自变量对因变量的直接或间接影响；其次，进行模型的参数估计和显著性检验，检验其标准化系数的接受程度；最后，对模型适配度进行检验，检验理论模型和实际情况的相符程度，不对模型的可靠性进行评价。在 Amos 分析的参数估计中，常用的违反估计判别标准为：标准误差过大；误差方差为负；标准化系数大于 0.95。显著性检验表征变量间的直接影响关系，系数显著性比例越高，模型拟合性越好。

本书选取的模型评价指标见表 6-19。

表 6-19 适配度指标及判别标准

指标	判别标准
CMIN/DF	小于 2.00，则模型适配良好；在 2.00~5.00 之间，适配度可接受
RMR	小于 0.05，可接受，越小越好
RMSEA	0.05~0.10 之间，适配良好；在 0.01~0.05 之间，适配非常好；小于 0.01，适配出色
IFI，CFI	在 0~1.00 之间，值越大适配越好
NFI	在 0.90~0.95 之间，适配良好；越接近 1.00，适配越完美
AGFI	大于 0.90，适配度可接受
PGFI	>0.50，适配度可接受

注：CMIN/DF 即 χ^2/df，卡方自由度比；RMR 为残差均方和平方根，与指标的度量单位有关；RM-SEA 为近似误差均方根，受 N 的影响较小；IFI，CFI 为修正拟合指数和比较拟合指数，均为比较拟合指数；NFI 为规范拟合指数；AGFI 为调整拟合优度指数；PGFI 为简约适配度指数。

针对上文对模型拟合度分析的结果，通过卡方统计量的增减对结构方程模型进行重新估计。利用修正指数（MI）预测卡方统计量的减少，通常去掉 MI 值最大的参数，再根据卡方拟合指数观测模型检验结果。根据 MI 值将固定系数或者等价约束修改为自由系数，再次运行 Amos 软件进行结果分析。反复进行以上操作，当模型拟合指标的改善状况不明显时停止运行，第四次运行后结束。

经过拟合修正后的工业化建造技术创新多主体交互关系初始模型路径如图 6-18 所示，模型参数估计见表 6-20。表 6-20 中的各变量影响关系可通过标准化回归系数进行衡量，其值大小即为模型中各自变量和因变量间箭头上的路径系数。本研究以 0.01 作为标准化回归系数显著性水平的判定值，当 P 值显示"＊＊"或"＊＊＊"时，说明两变量间影响关系满足显著性水平，通过检验；当 P 值处直接出现具体数值时，说明两变量间关系不满足显著性水平，未通过检验。本模型中除中心性和网络位置关系不显著外，其余假设变量间影响关系均通过检验，回归系数表示两变量间直接作用强度。回归系数 >0，各变量正相关；回归系数 <0，各变量负相关。

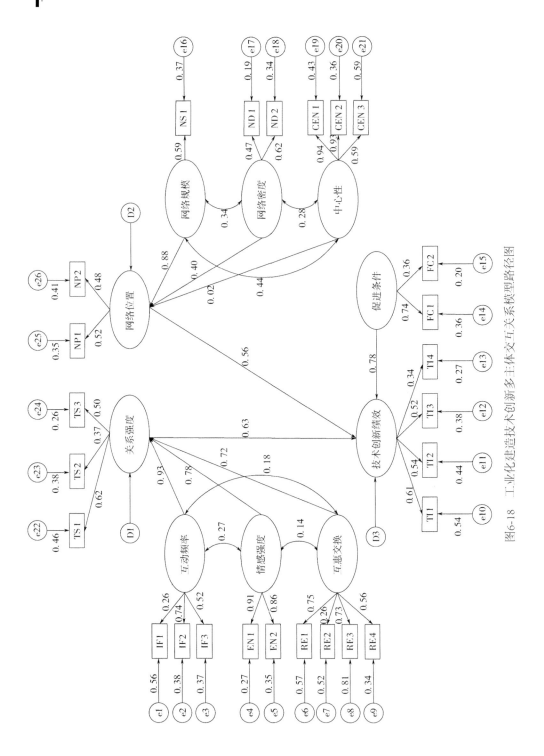

图6-18　工业化建造技术创新多主体交互关系系统型路径图

表6-20 模型参数估计及其显著性结果

变量影响关系	标准化回归系数	P
关系强度←互动频率	0.172	* *
关系强度←情感强度	0.520	* *
关系强度←互惠交换	0.262	* *
网络位置←网络规模	0.203	* * *
网络位置←网络密度	0.218	* *
网络位置←中心性	0.173	0.09
技术创新绩效←促进条件	0.628	* * *
技术创新绩效←关系强度	0.220	* * *
技术创新绩效←网络位置	0.232	* * *

注: * * * 表示显著性概率 $P < 0.001$; * * 表示显著性概率 $P < 0.01$。

Amos 软件运行得到大量可替换的拟合指标值, 拟合结果汇总后见表6-21。通过分析表6-21 的数据发现, 绝大多数指标符合表6-19 中的适配度指标评价标准, 其中 P 适配不好, RMR 和 GFI 虽不符合评判标准, 但与评判标准较为接近, 根据以往经验, 将二者定义为勉强接受。因此, 该关系模型拟合效果可以接受。模型中拟合效果不佳的指标, 其成因可能在于被调查者的局限性导致的样本描述性统计特征非正态分布。被调查者的局限性表现在工作年限分布不均; 部分类别性质的企业样本容量较少; 被调查对象限定较为严格, 为经验丰富的从业人员或有一定决策能力的中高层管理者。以上都可能导致模型拟合结果不佳。

表6-21 模型拟合结果汇总

拟合指标	指标值	评价结果
CMIN	270	—
DF	541.317	—
P	0.000	适配差
CMIN/DF	2.005	适配
RMR	0.064	可接受
RMSEA	0.074	适配
IFI	0.871	可接受

（续）

拟合指标	指标值	评价结果
CFI	0.820	可接受
NFI	0.772	可接受
AGFI	0.906	适配
PGFI	0.631	适配

经检验，该关系模型的整体拟合效果良好，模型对各变量之间的关系具有相应的解释能力。经过模型检验和模型修正，得到最终的工业化建造技术创新多主体交互关系模型，其 Amos 结构方程模型分析得到的路径系数如图6-19所示。

6.7.3 假设检验

1. 模型关系检验

根据上文中表6-21的模型拟合结果和各变量的显著性水平，对工业化建造技术创新多主体交互关系模型的整体假设进行检验。关系模型中的标准化路径系数表示相关变量间直接作用关系，其值处于0~1之间，越接近1，表明二者间作用效果越显著。

针对整体假设关系 H1：互动频率显著影响关系强度，互动频率与关系强度间的标准化路径系数值为0.88，满足0.01的显著性水平，原假设成立。说明互动频率对关系强度的作用强度为0.88 > 0，表现为正向作用关系。

针对整体假设关系 H2：情感强度显著影响关系强度，情感强度与关系强度间的标准化路径系数值为0.78，满足0.01的显著性水平，原假设成立。说明情感强度对关系强度的作用强度为0.78 > 0，表现为正向作用关系。

针对整体假设关系 H3：互惠交换显著影响关系强度，互惠交换与关系强度间的标准化路径系数值为0.25，满足0.01的显著性水平，原假设成立。说明互惠交换对关系强度的作用强度为0.25 > 0，表现为正向作用关系。

针对整体假设关系 H4：网络规模显著影响网络位置，网络规模与网络位置间的标准化路径系数值为0.32，满足0.01的显著性水平，原假设成立。说明网络规模对网络位置的作用强度为0.32 > 0，表现为正向作用关系。

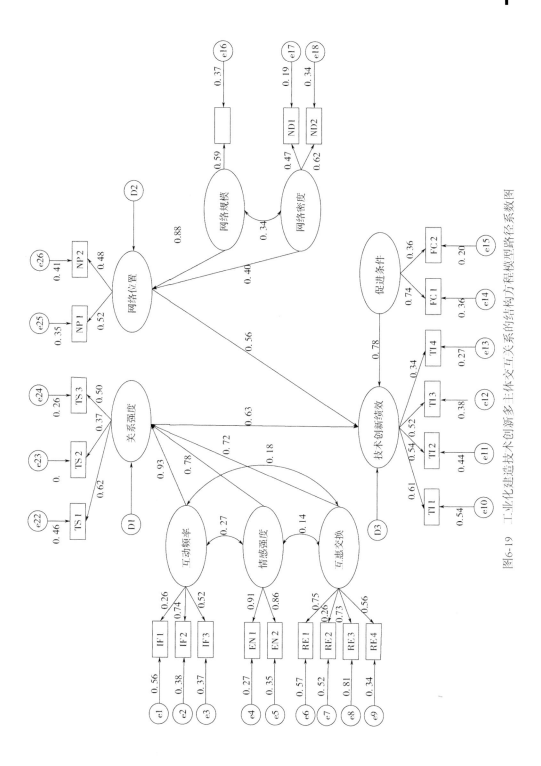

图6-19 工业化建造技术创新多主体交互关系的结构方程模型路径系数图

针对整体假设关系 H5：网络密度显著影响网络位置，网络密度与网络位置间的标准化路径系数值为 0.19，满足 0.01 的显著性水平，原假设成立。说明网络密度对网络位置的作用强度为 0.19 > 0，表现为正向作用关系。

针对整体假设关系 H6：中心性显著影响网络位置，中心性与网络位置间的标准化路径系数的 P 值为 0.09 > 0.01，未满足既定的显著性水平，原假设不成立，说明中心性和网络位置无直接关系。

针对整体假设关系 H7：关系强度显著影响技术创新绩效，关系强度与技术创新绩效间的标准化路径系数值为 0.34，满足 0.01 的显著性水平，原假设成立。说明关系强度对技术创新绩效的作用强度为 0.34 > 0，表现为正向作用关系。

针对整体假设关系 H8：网络位置显著影响技术创新绩效，网络位置与技术创新绩效间的标准化路径系数值为 0.26，满足 0.01 的显著性水平，原假设成立。说明网络位置对技术创新绩效的作用强度为 0.26 > 0，表现为正向作用关系。

针对整体假设关系 H9：促进条件显著影响技术创新绩效，促进条件与技术创新绩效间的标准化路径系数值为 0.20，满足 0.01 的显著性水平，原假设成立。说明促进条件对技术创新绩效的作用强度为 0.20 > 0，表现为正向作用关系。

2. 调节变量关系检验

上文对关系模型的整体检验分析表明，结构方程模型拟合效果良好，仍需继续对调节变量关系进行检验，以验证所有假设关系是否成立。采用按企业规模、企业性质和经验这三类特征数据进行分组的研究方法，度量分组后各假设关系的路径系数，比较研究结果的差异性，完成对调节变量的关系检验。

(1)根据企业规模分组

以企业规模为调节变量，并根据各类数据的样本容量，将其划分为大中规模企业和小规模企业两组。在 185 份有效样本数据中，大中规模企业共 84 份，小规模企业共 101 份。

利用 Amos 软件根据组别对样本数据进行检验，其显著性检验水平见

表 6-22。

表 6-22 企业规模调节变量显著性检验

组别	调节变量关系	S.E.	P
大中规模企业样本数据组	关系强度←互动频率	0.215	* * *
	关系强度←情感强度	0.698	* *
	关系强度←互惠交换	0.646	* *
	网络位置←网络规模	0.696	* * *
	网络位置←网络密度	0.513	* *
	技术创新绩效←关系强度	0.200	* *
小规模企业样本数据组	关系强度←互动频率	0.720	* *
	关系强度←情感强度	0.541	* * *
	关系强度←互惠交换	0.454	* *
	网络位置←网络规模	0.144	* * *
	网络位置←网络密度	0.203	* *
	技术创新绩效←关系强度	0.453	* * *

注：S.E.—标准化回归系数；P—显著性水平。

从表 6-22 模型分组拟合结果来看，原模型假设以企业规模为调节变量进行分组检验时，仍可保持显著性水平。对于小规模企业分组，有 0.720 > 0.215，表明该组内互动频率对关系强度的影响效果更强烈，调节变量关系假设 H1a 成立。对于大中规模企业分组，有 0.646 > 0.454，表明该组内互惠交换对关系强度的影响效果更强烈，调节变量关系假设 H3a 成立；有 0.513 > 0.203，表明该组内网络密度对网络位置的影响效果更强烈，调节变量关系假设 H5a 成立；从表中可以看出，大中规模企业对于网络规模对网络位置影响效果更加明显。

(2)根据企业性质分组

以企业性质为调节变量，并根据该调节变量的分类特征，将其划分为国有企业和非国有企业两组。在 185 份有效样本数据中，国有企业共 88 份，非国有企业共 97 份。

利用 Amos 软件根据组别对样本数据进行检验，其显著性检验水平见

表 6-23。

表 6-23　企业性质调节显著性检验

组别	调节变量关系	S. E.	P
国有企业 样本数据组	关系强度←互动频率	0.246	＊＊＊
	关系强度←情感强度	0.580	＊＊
	关系强度←互惠交换	0.696	＊＊＊
	网络位置←网络规模	0.746	＊＊
	网络位置←网络密度	0.980	＊＊
	技术创新绩效←关系强度	0.260	＊＊
非国有企业 样本数据组	关系强度←互动频率	0.262	＊＊＊
	关系强度←情感强度	0.161	＊＊＊
	关系强度←互惠交换	0.871	＊＊
	网络位置←网络规模	0.255	＊＊
	网络位置←网络密度	0.270	＊＊＊
	技术创新绩效←关系强度	0.371	＊＊

注：$S. E.$—标准化回归系数；P—显著性水平。

从表 6-23 模型分组拟合结果来看，原模型假设以企业性质为调节变量进行分组检验时，仍可保持显著性水平。对于非国有企业分组，有 0.260 > 0.246，表明该组内互动频率对关系强度的影响效果更强烈，调节变量关系假设 H1b 成立；有 0.371 > 0.262，表明该组内关系强度对技术创新绩效的影响效果更强烈，调节变量关系假设 H7a 成立。对于国有企业分组，有 0.980 > 0.270，说明该组内网络密度对网络位置的影响效果更强烈，调节变量关系假设 H5b 成立。

（3）根据经验分组

以单位从业人员的经验为调节变量，并根据该调节变量的分类特征将其划分为经验丰富的单位和经验欠缺的单位两组。在 185 份有效样本数据中，经验丰富单位共 80 份，经验欠缺单位共 105 份。

利用 Amos 软件根据组别对样本数据进行检验，其显著性检验水平见表 6-24。从表 6-24 模型分组拟合结果来看，原模型假设以经验为调节变量进行分组检验时，仍可保持显著性水平。对于经验欠缺分组，有 0.512 > 0.002，表明该组内互动频率对关系强度的影响效果更强烈，调节变量关系假设 H1c 成立；有 0.759 > 0.354，表明该组内互惠交换对关系强度的影响效果更强烈，调节变量关系假设 H3b 成立。对于经验丰富分组，有 0.580 > 0.203，说明关系强度对技术创新绩效的影响效果更强烈，调节变量关系假设 H7b 成立。

表 6-24　经验调节变量显著性检验

组别	调节变量关系	*S. E.*	*P*
经验丰富 样本数据组	关系强度←互动频率	0.002	＊＊＊
	关系强度←情感强度	0.108	＊＊
	关系强度←互惠交换	0.354	＊＊＊
	网络位置←网络规模	0.172	＊＊＊
	网络位置←网络密度	0.092	＊＊
	技术创新绩效←关系强度	0.580	＊＊＊
经验欠缺 样本数据组	关系强度←互动频率	0.512	＊＊
	关系强度←情感强度	0.269	＊＊＊
	关系强度←互惠交换	0.759	＊＊
	网络位置←网络规模	0.193	＊＊
	网络位置←网络密度	0.229	＊＊
	技术创新绩效←关系强度	0.203	＊＊＊

注：*S. E.* —标准化回归系数；*P* —显著性水平。

缺乏经验的利益相关者，为避免创新技术应用的额外成本和风险，追逐短期利润回报而回避技术创新；有经验的利益相关者，则倾向与设计方、承包商等各参与方建立长期稳定的合作关系，推动建造技术创新活动的开展。

3. 假设检验及分组检验结果分析

本书的工业化建造技术创新多主体交互关系模型分别通过了整体假设检验和分组检验，模型原假设得到了很好的验证，只有极少数假设不成立。检验结果汇总见表 6-25。

表6-25　工业化建造技术创新多主体互动关系模型检验结果

模型假设关系	检验结果
H1：互动频率显著影响关系强度	成立
H1a：互动频率显著影响关系强度，企业规模越小的利益相关者中二者关系更加显著	成立
H1b：互动频率显著影响关系强度，作为非国有企业的利益相关者中二者关系更加显著	成立
H1c：互动频率显著影响关系强度，经验欠缺的利益相关者中二者关系更加显著	成立
H2：情感强度显著影响关系强度	成立
H3：互惠交换显著影响关系强度	成立
H3a：互惠交换显著影响关系强度，企业规模越大的利益相关者中二者关系更加显著	成立
H3b：互惠交换显著影响关系强度，经验欠缺的利益相关者中二者关系更加显著	成立
H4：网络规模显著影响网络位置	成立
H5：网络密度显著影响网络位置	成立
H5a：网络密度显著影响网络位置，企业规模越大的利益相关者中二者关系更加显著	成立
H5b：网络密度显著影响网络位置，作为国有企业的利益相关者中二者关系更加显著	成立
H6：中心性显著影响网络位置	不成立
H6a：中心性显著影响网络位置，企业规模越小的利益相关者中二者关系更加显著	不成立
H6b：中心性显著影响网络位置，作为国有企业的利益相关者中二者关系更加显著	不成立
H6c：中心性显著影响网络位置，经验丰富的利益相关者中二者关系更加显著	不成立
H7：关系强度显著影响技术创新绩效	成立
H7a：关系强度显著影响技术创新绩效，作为非国有企业的利益相关者中二者关系更加显著	成立

（续）

模型假设关系	检验结果
H7b：关系强度显著影响技术创新绩效，经验丰富的利益相关者中二者关系更加显著	成立
H8：网络位置显著影响技术创新绩效	成立
H9：促进条件显著影响技术创新绩效	成立

分析表6-25中的模型检验结果，具体如下。

（1）互动频率对关系强度影响显著，且为正向作用

这与社会网络理论相符合，单位时间内，两两利益相关者交流合作的次数越多，联结越强；反之，则弱。利益相关者因交流、合作而产生的高频率互动，增强了各参与方间的关系强度。

互动频率对关系强度的影响，表现为企业规模越小的利益相关者中二者关系越显著。企业规模越小的利益相关者，其联系越为紧密。小规模企业间，因其业务范围不大，组织架构简洁，具有更多的交流、合作机会，能够充分保证互动的质量和效果。

互动频率对关系强度的影响，在非国有企业的利益相关者中二者关系更加显著。非国有企业具有更加开放的外部环境和更高效的运作效率，互动频率和关系强度二者间的正相关性更为明显。

（2）情感强度对关系强度影响显著，且为正向作用

感情基础越深，联结越强。情感联系越紧密越能够促进利益相关者间的信任，并促成深度合作，使彼此间协同更为高效流畅。越高的情感强度必然带来越理想的业务关系，以及更为有利的协同创新的网络环境。针对工业化建造技术创新的利益相关者，通过不断加强与业务伙伴的情感联系，形成良好而稳定的合作关系，激发各方进行长期合作的意愿，以此提升整体网的关系强度。

（3）互惠交换对关系强度影响显著，且为正向影响

在工业化建造技术创新过程中，利益相关者利用互惠交换补充内部资源的不足，共享新资源和新技术，为协同创新创造有利条件。当利益相关者以互利互惠为目的进行信息、资源交换时，其行为越频繁，说明联结越强。基于我国

传统的社会文化背景以及工业化建造技术创新主体的特殊性，在多主体相互作用中，互利互惠的方式起到了重要作用。

在工业化建造技术创新过程中，互惠交换在大中规模企业条件下对关系强度的影响更为显著。大中规模企业能接触到更为广阔的外部环境，其外部资源的多样性和异质性能够更好地促成互惠交换，补充内部资源不足。对于经验欠缺的利益相关者，互惠交换对关系强度的影响更加显著。经验在新技术开发和应用中作用较大，能够影响创新过程中各分工作业的配合效果，进而影响协同创新绩效。

(4)网络规模对网络位置影响显著，为正向影响

此处的网络规模是指构成工业化建造技术协同创新网络所有利益相关者的数量总和。网络随时间演化，网络边界不断扩散，网络规模也随之增长，利益相关者所处的网络位置也会随之改变。网络规模是工业化建造技术创新网络的基本特征之一，对各利益相关者网络位置影响显著。网络规模越大，说明利益相关者占据更多样化的网络关系资源，实现创新规模和集群效应的机会就越大。而网络范围越大，找到特定资源供应者的机会就越大。

(5)网络密度对网络位置影响显著，为正向影响

其中，企业规模越大的利益相关者中二者关系越为显著，国有企业的利益相关者中二者关系更加显著。一般情况下，网络关系结构有疏有密，而非均匀分布。对于网络密度较低的区域，建筑企业、高校和科研院所以及中介与金融机构间联系较为松散，网络位置方面的优势不显著。利益相关者通过占据优势网络位置获取更多的资源和利益，控制信息流动和资源共享，促进工业化建造技术创新活动。

(6)中心性与网络位置的相关性并未通过检验，固基于该基本假设的调节关系假设不成立

中心性表征了利益相关者对知识和技术传播过程中的控制能力，根据以往研究推断中心性能够显著影响网络位置，但本研究中该假设并未成立。其原因可能在于工业化建造的特殊背景，以及协同创新的自身特征所产生的影响。但仍需继续关注中心性对工业化建造技术协同创新能力的影响。

(7)关系强度对技术创新绩效影响显著，为正向影响

在非国有企业的利益相关者中，二者关系更加显著；在经验丰富的利益相关者中，二者关系更加显著。研究结果表明，强联结理论与工业化建造技术创新过程中的各种表象相吻合。强联结表现为强的关系强度，强联结形成的信任、合作和稳定的创新网络更易进行知识传递和资源共享。此外，在工业化建造技术创新过程中，强联结利于利益相关者应对网络环境变化、不确定性冲击和危机。

(8)网络位置对技术创新绩效影响显著，为正向影响

与其他企业相比，占据中心网络位置的企业更容易接触网络中的新知识，在同等条件下，更有利于工业化建造技术创新，有助于提高自身的创新绩效。结构洞是一种特殊而重要的网络位置，结构洞消失，信息链即断裂。结构洞位置的行动者作为中介具有信息优势和控制优势。网络位置通过影响利益相关者对信息、知识的控制能力，对技术创新绩效影响显著。

(9)促进条件对技术创新绩效影响显著，并起积极作用

促进政策作为促进条件的重要组成部分，包括政府在工业化建造方面直接的 R&D 投资和鼓励性或保护性政策。促进条件来自于国家和整个行业的支持，同时，促进条件也包括相关行业的支持和配合，以及内外部人员的共同努力。通过协作，有效突破技术瓶颈，降低成本压力，实现利益共享，规避工业化建造技术创新过程中的各种风险因素。

6.8 工程项目技术创新多主体协同能力提升建议

基于第3、4、5章的理论分析和本章的两个案例分析，本书从管理者个体层面、组织层面和网络层面三个维度分别提出提升工程项目技术创新主体协同能力建议。

6.8.1 管理者个体层面建议

基于第4章对工程项目技术创新主体角色功能的测度，得出各组织内部的

管理者在协同创新过程中占据重要的地位。根据管理者扮演的不同角色，从管理者个体层面制定提升策略，这是提高协同创新能力的关键要素。结合本章案例，应用关系能力指标测量得出 JY 项目中扮演看门人、协调人和拥护者角色的个体，针对这三种角色个体的管理提出相应建议。

1. 增加看门人知识资源获取渠道

针对 JY 项目技术创新过程中扮演看门人的个体 A11、A5、C1 等，应通过多渠道获取知识资源。管理者增加知识资源主要有以下两种渠道：

1）到科研机构进修获取系统化知识。到高校或其他科研机构进行再学习是获得系统化知识最重要的途径。可通过进修的方式到高校或科研机构充实知识资源，以项目进展过程中的问题为入手点对技术创新管理实践进行系统化深入研究，解决技术创新实施过程中的不协调问题，促进协同效应的实现。

2）B15 是来自总承包商的个体，积极与核心供应商和合作伙伴进行战略合作，构建长期稳定的伙伴关系；定期会晤、交换意见，各主管部门就项目进程中遇到的问题定期或不定期开展研讨会；与项目团队中的技术人员经常开展互访和交流，共享信息和技术；通过参与专题培训或交流会等获取专业知识。

2. 注重协调人创新管理经验累积

在 JY 项目进行技术创新的过程中，A13、A21、B5、B14 等个体扮演协调人的角色。扮演协调人的主体要注重创新经验积累，在技术创新实施过程中及时总结经验教训，积极探索创新实践的管理方式和方法。A13、B14 等协调人还应充分重视技术创新实施反馈，通过自上而下的亲身调研和自下而上的反馈意见进行不断总结和摸索。随着经验积累的推进，积极拓宽创新管理视角，采取前瞻性策略来处理创新活动之间的协调发展问题，从整体的角度综合分析各创新主体之间的复杂关联关系。当技术创新遇到阻碍时，协调人要积极协调各创新主体并及时有效地解决问题。

3. 加强拥护者对创新实践的推动力

A4、A5 作为建设单位的行政管理人员，在组织决策上具有一定的决策力。在技术创新过程中作为创新的拥护者，其对创新的支持与拥护是采纳和实施技术创新活动的重要推动力。A4、A5 对技术创新应持有更加宽容的态度，注重利用自身已有优势和探索创新之间的平衡。在项目进行中努力营造有利于创新开展的创新氛围，创造更为灵活的组织文化，提高项目组织参与创新的安全感和合作意愿。针对当前创新管理实践中存在的组织之间关联关系不紧密、组织滞后的现象，A4应及时采取有效措施，克服组织惰性和创新阻力，积极推动创新活动的协调发展。

6.8.2 组织层面建议

1. 加强核心组织能力培育

根据第3章对工程项目技术创新系统结构的分析，系统中有少数核心组织扮演系统集成商角色，只有当核心组织者有足够的能力建立和驱动协同网络时，多主体协同才有可能获得持续发展的条件，发挥协同效应。项目管理能力、核心技术能力、准确把握市场需求的能力、协同各方力量开展技术创新的协调组织能力等是核心组织者所应具备的核心能力。在JY项目中，北京万科作为工业化技术的主要推广者，是技术创新活动的引领者和技术创新实施的核心组织，需要对这些能力进行培养，有效推动工业化技术创新的开展。

2. 构建知识与信息化管理平台

通过构建知识、信息化管理平台高效整合个体、团队和组织间的知识。从组织内部沟通来看，要加强同一团队及不同层级、不同部门之间的交流与沟通，利用内部信息管理系统促进信息的传递和反馈，完善信息管理技术对建设过程中的监管。

JY项目技术咨询网络连通性稍差，说明技术创新过程中各参与主体之间的沟通渠道不畅，会对技术交流造成一定阻碍。为了保持良好的交流，作为建设单位的北京万科和作为总承包商的中建一局，可以定期召开讨论会，集合各创新主体对技术创新过程中遇到的问题及时商讨解决，积极获取来自其他创新主体的反馈信息，避免信息沟通不畅造成的技术创新实施效果不佳的后果。基于信息化的知识管理平台可以快速收集、分类和传递各种信息，并为协同创新提供快速敏捷的平台。

3. 建立有利于创新网络资源优化的建设模式

根据前文不同组织结构对协同级联效应影响的分析，工程项目的技术创新主体网络运行与工程项目的建设管理体制、承发包模式具有密不可分的关系。JY 项目是典型的 DBB 模式，这种分散的平行发包模式不利于发挥技术创新主体的协同优势。设计施工总承包模式、BOT 模式、EPC 模式等更利于创新主体网络优势的发挥。网络成员并不是只能被动地对其外部的网络做出反应，自己所处的创新网络是可以规划和有意识地进行设计的。根据项目实际情况，采用合适的管理体制和承发包模式，为技术创新主体协同网络的应用和发展创造有利的政策环境。

6.8.3 网络层面建议

1. 关系强度方面措施

在关系强度方面，需关注多主体间的互动频率、情感强度和互惠交换等，具体如下：

1) 加强多主体(如建设单位、设计单位、供应商等)间的合作，加强与行业主管部门、技术创新的先行者和领导性企业的交流，借鉴国外先进的技术创新理念和方法，在互惠互利的原则下，以合作共赢为出发点探求技术创新发展动态。

2) 构建疏密合理、高效便捷的多主体创新网络，通过与其他创新主体间的联系，获取有价值信息，提升新技术引进水平，增强工程技术协同创新能力。

3) 鼓励企业间的信息交流，扩充企业的业务范围和合作伙伴数量。

4) 构建学习型与创新型的企业文化，主动获取外部资源。

5) 建立共享机制和创新平台，吸引外部企业加盟开展创新活动。

2. 网络位置方面措施

在网络位置方面，需要关注多主体协同创新网络的网络规模和网络密度等。

1) 企业通过不断扩充业务伙伴，拓展自身所处创新网络的网络规模，增加可接触范围内的新知识。

2) 通过加强与外部合作，为整体网络吸收新的利益相关者，推进网络由疏到密的演化进程，增强多主体间的相互作用效果。

3）通过不断创新形成自身独特的竞争优势，在社会网络中占据结构洞位置，形成对外联系中的控制优势与主动权。

多主体协同创新网络中的企业，通过占据优势网络位置获取更多的创新资源，控制信息流动过程，在工程技术协同创新活动中占据主导地位。

6.9 本章小结

本章选取两个案例进行分析。案例一：以 JY 项目作为样本案例，构建了技术创新主体交互关系网络模型，应用本书提出的网络指标体系测度创新主体联结关系，辨识创新过程中的关键组织节点。通过样本案例协同级联效应分析，证实了协同级联效应对组织网络结构、初始采纳个体属性等因素的敏感性。案例二：以工业化建造技术创新为案例背景，对工业化建造技术创新多主体交互关系测度模型进行了基本统计分析、数据分析、模型拟合分析和假设检验。根据案例样本数据的各项指标和分析结果对关系模型进行合理阐述和解析，分析利益相关者之间的相互作用关系和强度。结合两个案例分析，分别从管理者个体层面、组织层面、网络层面三个维度提出工程项目技术创新主体协同能力提升建议。

第 7 章

结论与展望

　　工程项目技术创新是建设高性能、可持续工程项目的重要保障和迫切需求。工程项目技术创新的高度集成性与不同专业技术的多主体参与性，使得"协同"成为工程项目技术创新的本质特征和基本要求。本书通过梳理工程项目技术创新、多主体协同创新相关研究成果，结合多主体协同情境，在网络视角下从工程项目技术创新多主体协同关系形成机理、创新主体之间的联结与互动关系三方面开展工程项目技术创新多主体交互关系研究。

　　本书的主要结论如下：

　　1) 工程项目技术创新主体协同关系网络呈现幂律分布特征，网络中存在少量"领导"个体。工程项目技术创新主体结构呈现复杂的网络关系；在多主体相互联系和互动作用下产生协同效应，协同效应也能够优化工程项目技术创新多主体结构；工程项目技术创新主体协同关系网络结构呈现幂律分布状态，网络中包含少量"领导"个体(具有较高度数的节点)，其他主体围绕这些"领导"个体开展技术创新。

　　2) 工程项目技术创新主体联结方式决定了主体的重要性和功能配置，并影响多主体协同效应。工程项目技术创新主体的联结方式影响整个网络结构属性，从而影响整体网络性能发挥；个体所处的网络位置决定了其在工程项目技术创新过程中的角色与功能，其个人技术创新能力会影响整个网络协同创新的效果。

　　3) 网络结构特性和初始采纳个体属性对工程项目技术创新多主体协同效果产生重要影响。网络类型的差别会影响阀值与级联规模相关性的呈现模式；网络规模越大，级联速度越慢，级联达到稳定状态的时间越长；网络连接越紧密，级联速度越快；网络的疏密程度对稳定状态下的级联规模无显著影响；初始采纳个体数量越多，级联达到稳态的耗时越短；初始采纳个体角色对级联速度具有显著影响。

4）增强关键个体技术创新能力、优化配置组织资源能够提升工程项目技术创新主体的协同能力。JY 项目技术创新主体协同网络结构呈现幂律分布特征；项目组织网络结构、技术创新初始采纳个体属性影响了 JY 项目技术创新多主体协同级联效应。可以通过提高管理者个体创新能力和优化配置组织资源等方式提升工程项目技术创新主体的协同能力。

本书基于协同学、社会网络理论对工程项目技术创新多主体交互关系进行研究，研究成果丰富了工程项目技术创新管理的理论，拓展了社会网络理论对工程项目技术创新多主体交互关系的理论解释，深入剖析了创新主体的静态联结方式与动态互动模式对多主体协同效应的影响。本书研究结论有利于工程项目利益相关者明晰其协同合作状况，为提高工程项目技术协同创新水平提供参考。

工程项目技术创新是一个由众多主体参与、受多种因素共同影响的复杂过程。本书从创新主体的联结与互动两个角度进行静态测度与动态演化的建模与分析，今后进一步的研究可以从以下两个方面进行扩展：

1）对工程项目技术创新主体的联结网络进行测度时，还需要对主体之间联系程度的影响进行更加深入的研究。

2）本书构建了工程项目技术创新协同级联效应模型，采用计算机进行数值仿真，后续研究可以在此基础上结合更多实际案例的数据开展进一步分析。

附　录

附录 A　工程项目技术创新多主体联结关系研究调查问卷

尊敬的先生/女士：

您好，感谢您抽出宝贵时间填写本调查问卷。本次调研以工程项目技术创新主体为研究对象，旨在调研创新主体之间的交互关系，从而测度协同创新过程中多主体之间的关系对协同创新效果的影响，以及确定关键组织节点及其在协同创新过程中所扮演的角色。调查问卷发放对象为中建八局沈阳奥体万达广场项目的中高层管理岗或技术岗位管理者，您所填写问卷内容的完整性与准确性对我们的研究至关重要。本次调研获得的相关信息将仅用于学术研究，不需署名，您本人的个人信息及所在企业的相关信息将严格保密。感谢您的配合与支持，谢谢！

第一部分　问卷填写者所在企业及职务信息

个人基本信息调研，请对照下列问题进行填写：

所属单位	
部门	
职位	

第二部分　创新主体间联系状态调研

此部分将对项目参与主体之间的联系状况进行调研。若填写纸质版问卷，请您在最符合您与他人联系状况的选项上打"√"；若填写电子版问卷，请您点击相应的选项框。

X1：请在下列题项中选择，您与中建八局沈阳奥体万达广场项目部人员或部门的联系程度如何？（注：您主动联系对方）

	不联系	很少联系	有联系	联系较多	经常联系
项目经理					
执行经理					
项目总工					
生产经理					
主管工长					
土建工长					
机电部门					
水暖部门					
电气部门					
质量检测部门					
物资管理部门					
安全部门					
技术员					
试验员					
资料员					
预算员					

X2：请在下列题项中选择，您与沈阳万达奥体项目工程部人员联系程度如何？（注：您主动联系对方）

	不联系	很少联系	有联系	联系较多	经常联系
工程副总					
工程经理					
部门主管					
暖通工程师					
电气工程师					
水暖工程师					
土建工程师					
档案员					

X3：请在下列题项中选择，您与沈阳奥体项目公司总经办联系情况如何？（注：您主动联系对方）

	不联系	很少联系	有联系	联系较多	经常联系
总经理					
副总经理					

X4：请在下列题项中选择，您与沈阳奥体万达广场监理部人员联系程度如何？（注：您主动联系对方）

	不联系	很少联系	有联系	联系较多	经常联系
总监					
执行总监					
总监代表					
安全总监					
机电总代理					
土建工程师					
水暖工程师					
电气工程师					
造价工程师					
高级工程师					
测量工程师					
资料信息工程师					
监理员					

X5：请在下列题项中选择，您与沈阳万达开发设计部人员联系程度如何？（注：您主动联系对方）

	不联系	很少联系	有联系	联系较多	经常联系
总经理					
副总经理					
部门主管					
电气工程师					
建筑工程师					
档案员					

X6：请在下列题项中选择，您与山东天幕工作人员联系程度如何？（注：您主动联系对方）

	不联系	很少联系	有联系	联系较多	经常联系
项目经理					
技术负责					
质量员					
安全员					
资料员					

X7：请在下列题项中选择，您与西安高科工作人员联系程度如何？（注：您主动联系对方）

	不联系	很少联系	有联系	联系较多	经常联系
项目经理					
技术负责					
质量员					
安全员					
资料员					

X8：请在下列题项中选择，您与深圳三鑫工作人员联系程度如何？（注：您主动联系对方）

	不联系	很少联系	有联系	联系较多	经常联系
项目经理					
技术负责					
质量员					
安全员					
资料员					

X9：请在下列题项中选择，您与武汉凌云工作人员联系程度如何？（注：您主动联系对方）

	不联系	很少联系	有联系	联系较多	经常联系
项目经理					
技术负责					
质量员					
安全员					
资料员					

X10：请在下列题项中选择，您与山东格瑞德工作人员联系程度如何？（注：您主动联系对方）

	不联系	很少联系	有联系	联系较多	经常联系
项目经理					
技术负责					
质量员					
安全员					
资料员					

X11：请在下列题项中选择，您与大连建工工作人员联系程度如何？（注：您主动联系对方）

	不联系	很少联系	有联系	联系较多	经常联系
项目经理					
技术负责					
质量员					
安全员					
资料员					

X12：请在下列题项中选择，您与中铁建工工作人员联系程度如何？（注：您主动联系对方）

	不联系	很少联系	有联系	联系较多	经常联系
项目经理					
技术负责					
质量员					
安全员					
资料员					

X13：请在下列题项中选择，您与辽宁强盾工作人员联系程度如何？（注：您主动联系对方）

	不联系	很少联系	有联系	联系较多	经常联系
项目经理					
技术负责					
质量员					
安全员					
资料员					

X14：请在下列题项中选择，您与金达照明工作人员联系程度如何？（注：您主动联系对方）

	不联系	很少联系	有联系	联系较多	经常联系
项目经理					
技术负责					
质量员					
安全员					
资料员					

X15：请在下列题项中选择，您与北京菲尼工作人员联系程度如何？（注：您主动联系对方）

	不联系	很少联系	有联系	联系较多	经常联系
项目经理					
技术负责					
质量员					
安全员					
资料员					

X16：请在下列题项中选择，您与北京城建长城工作人员联系程度如何？（注：您主动联系对方）

	不联系	很少联系	有联系	联系较多	经常联系
项目经理					
技术负责					
质量员					
安全员					
资料员					

X17：请在下列题项中选择，您与北京侨信工作人员联系程度如何？（注：您主动联系对方）

	不联系	很少联系	有联系	联系较多	经常联系
项目经理					
技术负责					
质量员					
安全员					
资料员					

X18：请在下列题项中选择，您与青岛德才工作人员联系程度如何？（注：您主动联系对方）

	不联系	很少联系	有联系	联系较多	经常联系
项目经理					
技术负责					
质量员					
安全员					
资料员					

X19：请在下列题项中选择，您与大连红太工作人员联系程度如何？（注：您主动联系对方）

	不联系	很少联系	有联系	联系较多	经常联系
项目经理					
技术负责					
质量员					
安全员					
资料员					

X20：请在下列题项中选择，您与深圳建艺工作人员联系程度如何？（注：您主动联系对方）

	不联系	很少联系	有联系	联系较多	经常联系
项目经理					
技术负责					
质量员					
安全员					
资料员					

X21：请在下列题项中选择，您与广东爱富兰工作人员联系程度如何？（注：您主动联系对方）

	不联系	很少联系	有联系	联系较多	经常联系
项目经理					
技术负责					
质量员					
安全员					
资料员					

X22：请列出与您有联系的政府机构、金融机构以及科研机构名称

政府机构名称	
金融机构名称	
科研机构名称	

提示：填写完毕后请您检查是否有遗漏题项。若您填写的是电子问卷，请在填写完毕后退出前保存文档。再次感谢您的配合与支持！

附录 B　工业化建造技术创新多主体交互关系研究调查问卷

尊敬的工业化建造相关单位从业人员：

您好！本调查的目的是理清工业化建造技术协同创新的影响因素，分析创新主体行为和相互作用关系，从而揭示工业化建造技术协同创新的影响机理。据此，提出合理化建议以提升工业化建造技术协同创新能力。

回答本问卷将占用您3分钟左右的宝贵时间，请您结合贵单位在工业化建造领域的实践，针对 PC 住宅建造技术的具体情况，在最适合的选项后画"√"。感谢您的配合，并再次向您致谢！

背景介绍：

PC 即 Prefabricated Concrete，即预制装配混凝土。

PC 结构即预制装配式混凝土结构，包括常见的预制装配式框架结构、预制装配式剪力墙结构、预制装配式框架-现浇剪力墙(核心筒)结构体系等。

第一部分　基本信息

1. 企业名称：＿＿＿＿＿＿＿＿＿＿＿＿＿＿＿＿＿＿

2. 您的受教育程度

□专科及以下　　　□本科　　　　　□硕士

□博士及以上

3. 您从事本行业的年限

□5 年以下　　　□5～10 年　　　□11～15 年

□16～20 年　　　□20 年以上

4. 企业性质

□国有企业　　　□集体所有制企业　□民营企业三资

□联营企业

5. 业务属性

☐勘察设计　　　　　☐开发建设　　　　　☐部品供应

☐科研院所　　　　　☐大专院校　　　　　☐建筑施工总承包

☐金融机构　　　　　☐中介机构　　　　　☐建筑装饰

☐监理　　　　　　　☐建筑安装　　　　　☐建筑施工专业承包

☐建筑施工劳务分包

6. 企业员工总数

☐100人以下　　　　☐100~200人　　　　☐200~500人

☐500~600人　　　　☐600~2000人　　　☐2000~3000人

☐3000人及以上

7. 您的职位

☐高层领导　　　　　☐中层管理者　　　　☐基层管理者

☐一般员工　　　　　☐其他

8. 贵单位目前所采用的工业化建造技术

☐工业化建筑体系标准化技术

☐工业化设计集成技术

☐工业化建筑、结构、设备、内装集成技术

☐工业化部品生产技术

☐工业化部品应用关键技术

☐工业化主体施工关键技术

☐工业化全装修建造集成技术

☐预制装配式建造技术

☐其他_____

9. 贵单位在工业化建造过程中对哪些方面存在创新需求

☐技术标准化　　　　☐技术集成　　　　　☐技术转化推广

☐示范工程建设　　　☐技术研究与建设团队

☐既有技术与工业化技术的技术经济对比　　☐工期控制

☐成本控制　　　　　　　　　　　　　　　☐质量控制

☐其他_____

第二部分　工业化建造技术创新多主体交互关系调查

目前，我国工业化建造发展迅速，对建造技术创新的需求强烈。我们希望通过本调查分析创新主体相互作用关系对工业化建造技术创新的影响。请您根据贵单位 PC 建造技术的相关开发和使用情况如实进行选择。

指标	非常不符合	不符合	一般	符合	非常符合
我单位经常与外界接触以获取顾客和市场需求信息					
我单位与业务伙伴具有高频率知识、信息、技术等交流					
我单位鼓励员工通过多种渠道从外界获取新技术和新资源等					
我单位与业务伙伴具有良好合作关系					
业务伙伴有进一步和我单位加深合作的意愿					
业务伙伴可以补充我单位内部资源的不足					
我单位明确与业务伙伴合作过程中的共同利益及自身利益					
业务伙伴所掌握的资源和技术我单位无法模仿					
我单位重视合作，努力为协同创新创造条件					
我单位的业务伙伴数量远高于同类单位平均水平					
我单位与业务伙伴具有强凝聚力					
我单位在与业务伙伴合作过程中表现活跃					
我单位对业务伙伴的态度、行为影响很大					
我单位对信息、知识和技术等在利益相关者间的传播过程起控制作用					
我单位在与业务伙伴合作中具有战略重要性					
我单位在与业务伙伴合作中较少受其他单位控制					
我单位与业务伙伴多具有长期合作关系					
我单位和业务伙伴亲密程度较高					
我单位与业务伙伴间相互信任					
我单位在合作中处于优势地位					
我单位是利益相关者间的关系纽带					

(续)

指标	非常不符合	不符合	一般	符合	非常符合
我单位能够快速获取外部资源、探索有价值的信息					
已有相关政策支持 PC 建造技术的扩散					
行业已有标准化文件为 PC 建造技术提供指导					
使用 PC 建造技术存在合同等方面的风险					
我单位已经接触并使用 PC 建造技术					
我单位致力于工业化建造技术集成与示范工程建设					
我单位参与 PC 建造技术的规程、规范或标准等编写					
我单位拥有的 PC 建造技术的相关专利、工法较多					

参 考 文 献

[1] GU N, LONDON K. Understanding and facilitating BIM adoption in the AEC industry[J]. Automation in Construction, 2010, 19(8):988-999.

[2] 李迁, 游庆仲, 盛昭瀚. 大型建设工程的技术创新系统研究[J]. 科学学与科学技术管理, 2006(12):93-96.

[3] POWELL W W, KOPUT K W, SMITH-DOERR L. Interorganizational collaboration and the locus of innovation: networks of learning in biotechnology[J]. Administrative Science Quarterly, 1996, 41(1):116-145.

[4] BALDWIN C, VON HIPPEL E. Modeling a paradigm shift: from producer innovation to user and open collaborative innovation[J]. Organization Science, 2011, 22(6):1399-1417.

[5] RUTTEN M E J, DORéE A G, HALMAN J I M. Innovation and interorganizational cooperation: a synthesis of literature[J]. Construction Innovation, 2009, 9(3):285-297.

[6] DEWICK P, MIOZZO M. Networks and innovation: sustainable technologies in scottish social housing[J]. R & D Management, 2004, 34(3):323-333.

[7] NAM C, TATUM C. Noncontractual methods of integration on construction projects[J]. Journal of Construction Engineering and Management, 1992, 2(118):385-398.

[8] KAPSALI M. Systems thinking in innovation project management: a match that works[J]. International Journal of Project Management, 2011, 29(4):396-407.

[9] MANLEY A M, BLAYSE K. Key influences on construction innovation[J]. Construction Innovation, 2004, 4(3):143-150.

[10] DULAIMI M F, LING F Y Y, BAJRACHARYA A. Organizational motivation and inter-organizational interaction in construction innovation in singapore[J]. Construction Management and Economics, 2003, 21(3):307-318.

[11] CHINOWSKY P, DIEKMANN J, GALOTTI V. Social network model of construction[J]. Journal of construction engineering and management, 2008, 134(10):804-812.

[12] CHINOWSKY P S, DIEKMANN J, O'BRIEN J. Project organizations as social networks[J]. Journal of Construction Engineering and Management, 2010, 136(4):452-458.

[13] UZZI B. Social structure and competition in interfirm networks: the paradox of embeddedness

[J]. Administrative Science Quarterly,1997,42(2):35-47.

[14]TROSHANI I,BILL D. Innovation diffusion: a stakeholder and social network view[J]. European Journal of Innovation Management,2007,10(2):176-200.

[15]ROWLEY T J. Moving beyond dyadic ties: a network theory of stakeholder influences[J]. The Academy of Management Review,1997,22(4):887-910.

[16]MUKHERJEE A,MUGA H. An integrative framework for studying sustainable practices and its adoption in the AEC industry: a case study[J]. Journal of Engineering and Technology Management,2010,27(3):197-214.

[17]PRELL C,HUBACEK K,REED M. Stakeholder analysis and social network analysis in natural resource management[J]. Society and Natural Resources,2009,22(6):501-518.

[18]CALAMEL L,DEFéLIX C,PICQ T,et al. Inter-organisational projects in French innovation clusters: the construction of collaboration[J]. International Journal of Project Management,2012,30(1):48-54.

[19]OZORHON B. Analysis of construction innovation process at project level[J]. Journal of Management in Engineering,2013,12(2):12-16.

[20]OZORHON B, ABBOTT C,AOUAD G. Integration and leadership as enablers of innovation in construction: case study[J]. Journal of Management in Engineering,2014,30(2):256-263.

[21]WIDéN K,OLANDER S,ATKIN B. Links between successful innovation diffusion and stakeholder engagement[J]. Journal of Management in Engineering,2014,5(30):97-110.

[22]HOLMEN E,PEDERSEN A,TORVATN T. Building relationships for technological innovation [J]. Journal of Business Research,2005,58(9):1240-1250.

[23]GANN D M,SALTER A J. Innovation in project-based,service-enhanced firms: the construction of complex products and systems[J]. Research Policy,2000,29(7):955-972.

[24]SHAZI R,GILLESPIE N,STEEN J. Trust as a predictor of innovation network ties in project teams[J]. International Journal of Project Management,2015,33(1):81-91.

[25]MILLER R,LESSARD D R,MICHAUD P,et al. The strategic management of large engineering projects: shaping institutions,risks and governance[M]. Cambridge: MIT Press,2000:121-132.

[26]KEAST R,HAMPSON K. Building constructive innovation networks: role of relationship management[J]. Journal of Construction Engineering and Management,2007,133(5):364-373.

[27]SHAPIRA A,ROSENFELD Y. Achieving construction innovation through academia-industry co-operation-keys to success[J]. Journal of Professional Issues in Engineering Education and Prac-

tice,2011,137(4):223-231.

[28]KALE S,DAVID A. Diffusion of computer aided design technology in architectural design practice[J]. Journal of Construction Engineering and Management,2005,131(10):1135-1141.

[29]KALE S,DAVID A. Diffusion of ISO 9000 certification in the precast concrete industry[J]. Construction Management and Economics,2006,24(5):485-495.

[30]SLAUGHTER E S. Builders as sources of construction innovation[J]. Journal of Construction Engineering and Management,1993,119(3):532-549.

[31]TOOLE T M. Uncertainty and home builders'adoption of technological innovations[J]. Journal of Construction Engineering and Management,1998,124(4):323-332.

[32]MITROPOULOS P,TATUM C B. Technology adoption decisions in construction organizations [J]. Journal of Construction Engineering and Management,1999,125(5):330-338.

[33]MITROPOULOS P,TATUM C B. Forces driving adoption of new information technologies[J]. Journal of Construction Engineering and Management,2000,126(5):340-348.

[34]NAM C H,TATUM C B. Leaders and champions for construction innovation[J]. Construction Management and Economics,1997,15(3):259-270.

[35]MALIK A M,KHALFAN M P. Innovation for supply chain integration within construction[J]. Construction Innovation,2006,3(6):143-157.

[36]SHIELDS R,KEVIN W. Innovation in clean-room construction：a case study of co-operation between firms[J]. Construction Management and Economics,2003,21(4):337-344.

[37]DORéE A,FRENS P. A century of innovation in the dutch construction industry[J]. Construction Management and Economics,2006,23(12):56-61.

[38]KULATUNGA K,KULATUNGA U,AMARATUNGA D,et al. Client's championing characteristics that promote construction innovation[J]. Construction Innovation,2011,11(4):380-398.

[39]TATUM C B. Potential mechanisms for construction innovation[J]. Journal of Construction Engineering and Management,1986,112(2):178-191.

[40]OFORI G,MOONSEO P. Stimulating construction innovation in singapore through the national system of innovation[J]. Journal of Construction Engineering and Management,2006,132(10): 1069-1082.

[41]PRIES F,FELIX J. Innovation in the construction industry：the dominant role of the environment [J]. Construction Management and Economics,1995,13(1):43-51.

[42]TATUM C B. Organizing to increase innovation in construction firms[J]. Journal of Construction

Engineering and Management,1989,115(4):602-617.

[43]TATUM C B. Process of innovation in construction firm[J]. Journal of Construction Engineering and Management,1987,113(4):648-663.

[44]BROCHNER J,GRANDINSON B. R&D cooperation by swedish contractors[J]. Journal of Construction Engineering and Management,1992,118(1):3-16.

[45]TOOLE T M. Technological trajectories of construction innovation[J]. Journal of Architectural Engineering,2001,7(4):107-114.

[46]KANGARI R,YASUYOSHI M. Developing and managing innovative construction technologies in Japan[J]. Journal of Construction Engineering and Management,1997,123(1):72-78.

[47]GOVERSE T,HEKKERT M P,GROENEWEGEN P, et al. Wood innovation in the residential construction sector：Opportunities and Constraints[J]. Resources,Conservation and Recycling, 2001,34(1):53-74.

[48]VESHOSKY D. Managing innovation information in engineering and construction firms[J]. Journal of Management in Engineering,1998,14(1):58-66.

[49]BARLOW J. Innovation and learning in complex offshore construction projects[J]. Research Policy,2000,29(7):973-989.

[50]ARDITI D,KALE S,TANGKAR M. Innovation in construction equipment and its flow into the construction industry[J]. Journal of Construction Engineering and Management,1997,123(4): 371-378.

[51]SLAUGHTER E S,SHIMIZU H. 'Clusters' of innovations in recent long span and multi-segmental bridges[J]. Construction Management and Economics,2000,18(3):269-280.

[52]SEADEN G,ANDRé M. Public policy and construction innovation[J]. Building Research & Information,2001,29(3):182-196.

[53]AOUAD G,OZORHON B,ABBOTT C. Facilitating innovation in construction：directions and implications for research and policy[J]. Construction Innovation：Information, Process,Management,2010,10(4):374-394.

[54]REICHSTEIN T,SALTER A J,GANN D M. Break on through：sources and determinants of product and process innovation among UK construction firms[J]. Industry and Innovation,2008, 15(6):601-625.

[55]SLAUGHTER E S. Implementation of construction innovations[J]. Building Research & Information,2000,28(1):2-17.

[56] HALIM A E, HAAS R. Process and case illustration of construction innovation[J]. Journal of Construction Engineering and Management,2004,130(4):570-575.

[57] GAMBATES J A, HALLOWELL M. Enabling and measuring innovation in the construction industry[J]. Construction Management and Economics,2011,29(6):553-567.

[58] MANLEY K, MCFALLAN S, KAJEWSKI S. Relationship between construction firm strategies and innovation outcomes[J]. Journal of Construction Engineering and Management,2009,135 (8):764-771.

[59] DIKMEN I,BIRGONUL M T,ARTUK S U. Integrated framework to investigate value innovations [J]. Journal of Management in Engineering,2005,21(2):81-90.

[60] WIDéN K,BENGT H. Diffusion characteristics of private sector financed innovation in Sweden [J]. Construction Management and Economics,2007,25(5):467-475.

[61] BERKOUT A J, HARTMANN D. Innovating the innovation process[J]. Technology Management,2006,34(3):390-404.

[62] TERZIOVSKI M. Building innovation capability in organizations:an international cross-case perspective[M]. London: Imperial College Press,2007:45-53.

[63] BOSSINK B. Managing drivers of innovation in construction networks[J]. Journal of Construction Engineering and Management,2004,130(3):337-345.

[64] BOSSINK B. Effectiveness of innovation leadership styles:a manager's influence on ecological innovation in construction projects[J]. Construction Innovation,4(4):211-228.

[65] MANLEY K. Against the odds:small firms in Australia successfully introducing new technology on construction projects[J]. Research Policy,2008,37(10):1751-1764.

[66] KUMARASWAMY M,LOVE P E D,DULAIMI M,et al. Integrating procurement and operational innovations for construction industry development[J]. Engineering,Construction and Architectural Management,2004,11(5):323-334.

[67] CHOI S,JANG H,HYUN J. Correlation between innovation and performance of construction firms[J]. Canadian Journal of Civil Engineering,2009,36(11):1722-1734.

[68] COHEN W M,LEVINTHAL D A. Absorptive capacity:a new perspective on learning and innovation[M]. Boston: Butterworth-Heinemann,2000:39-67.

[69] WINCH G. How innovative is construction? comparing aggregate data on construction innovation and other sectors—a case of apples and pears[J]. Construction Management and Economics, 2003,6(21):651-654.

[70] DULAIMI M F, LING F Y, OFORI G, et al. Enhancing integration and innovation in construction [J]. Building Research & Information, 2002, 30(4): 237-247.

[71] GREEN K, SALLY R. Industrial ecology and spaces of innovation [M]. Cheltenham, UK: Edward Elgar Publishing, 2006: 42-45.

[72] BERNSTEIN H M, KISSINGER J P, KIRKSEY W. Moving innovation into practice[J]. Australian Family Physician, 1998, 28(1): 25-34.

[73] KIMBERLY J R, EVANISKO M J. Organizational innovation: the influence of individual, organizational, and contextual factors on hospital adoption of technological and administrative innovations[J]. Academy of Management Journal, 2010, 1(35): 67-92.

[74] THONG J Y L, YAP C S. CEO characteristics, organizational characteristics and information technology adoption in small businesses[J]. Omega, 1995, 23(4): 429-442.

[75] HOLMEN E, PEDERSEN A, TORVATN T. Building relationships for technological innovation [J]. Journal of Business Research, 2005, 58(9): 1240-1250.

[76] LOVE P E D, IRANI Z, EDWARDS D. A seamless project supply chain management model for construction[J]. Supply Chain Management, 2004, 9(1): 43-56.

[77] 陆歆弘, 金维兴. 中国建筑业产出增长因素分析[J]. 上海大学学报(自然科学版), 2005 (3): 320-325.

[78] 王孟钧, 张镇森. 重大建设工程技术创新网络形成机理与运行机制分析[J]. 中国工程科学, 2011(8): 62-66.

[79] PARK M, NEPAL M P, DULAIMI M F. Dynamic modeling for construction innovation[J]. Journal of Management in Engineering, 2004, 20(4): 170-177.

[80] CHESBROUGH H W. Open Innovation[M]. Boston, M. A.: Harvard Business School Press, 2003: 89-93.

[81] 李伯聪. 工程创新: 突破壁垒和躲避陷阱[M]. 杭州: 浙江大学出版社, 2010: 45-50.

[82] 王孟钧, 刘慧, SKIBNIEWSKI M J, 等. 建设工程创新关键成功因素识别——基于战略合作视角[J]. 科技进步与对策, 2014(11): 6-10.

[83] SKIBNIEWSKI M J, ZAVADSKAS E K. Technology development in construction: a continuum from distant past into the future[J]. Journal of Civil Engineering and Management, 2013, 19 (1): 136-147.

[84] BRESNEN M, NICK M. Building partnerships: case studies of client-contractor collaboration in the UK construction industry [J]. Construction Management and Economics, 2000, 18(7):

819-832.

[85]CHEN W T,CHEN T. Critical success factors for construction partnering in Taiwan[J]. International Journal of Project Management,2007,25(5):475-484.

[86]BOSCH-SIJTSEMA P M,POSTMA T J. Cooperative innovation projects:capabilities and governance mechanisms[J]. The Journal of Product Innovation Management,2009,26(1):58-70.

[87]CHAN A P C,CHAN D W M,CHIANG Y H,et al. Exploring critical success factors for partnering in construction projects[J]. Journal of Construction Engineering and Management,2004,130(2):188-198.

[88]熊彼特.经济发展理论[M].北京:北京出版社,2008:73-74.

[89]ANSOFF H. Corporate strategy:an analytic approach to business policy for growth and expansion [J]. Harmondsworth:Penguin,1965,3(4):111-121.

[90]SERRANO V,THOMAS F. Collaborative innovation in ubiquitous systems[J]. Journal of Intelligent Manufacturing,2007,18(5):599-615.

[91]解学梅,曾赛星.创新集群跨区域协同创新网络研究述评[J].研究与发展管理,2009(1):9-17.

[92]陈劲,阳银娟.协同创新的理论基础与内涵[J].科学学研究,2012(2):161-164.

[93]JOE T,JONH B,KEITH P C. Managing innovation:intergrading technological,market and organizational change[M]. New York:John Wiley,2001:34-56.

[94]彭纪生.中国技术协同创新[M].北京:中国经济出版社,2000:1-34.

[95]张钢,陈劲,许庆瑞.技术、组织与文化的协同创新模式研究[J].科学学研究,1997(2):56-61.

[96]许庆瑞,郑刚,陈劲.全面创新管理:创新管理新范式初探——理论溯源与框架[J].管理学报,2006(2):135-142.

[97]陈劲,王方瑞.再论企业技术和市场的协同创新——基于协同学序量概念的创新管理理论研究[J].大连理工大学学报(社会科学版),2005(2):1-5.

[98]蒋兴华,万庆良,邓飞其,等.区域产业技术自主创新体系构建及运行机制分析[J].研究与发展管理,2008(2):46-50.

[99]ROBERTS N C,BRADLEY R T. Stakeholder collaboration and innovation:a study of public policy initiation at the state level[J]. The Journal of Applied Behavioral Science,1991,27(2):209-227.

[100]陈傲,柳卸林,吕萍.创新系统各主体间的分工与协同机制研究[J].管理学报,2010

（10）:1455-1462.

[101]WANG Z. Knowledge integration in collaborative innovation and a self-organizing model[J]. International Journal of Information Technology and Decision Making,2012,2(11):427-440.

[102]陈劲,阳银娟.管理的本质以及管理研究的评论[J].管理学报,2012,2(9):172-178.

[103]LIU C. The effects of innovation alliance on network structure and density of cluster[J]. Expert Systems With Applications,2011,38(1):299-305.

[104]VALK T,CHAPPIN M M H,GIJSBERS G W. Evaluating innovation networks in emerging technologies[J]. Technological Forecasting and Social Change,2011,78(1):25-39.

[105]熊励,孙友霞,蒋定福,等.协同创新研究综述——基于实现途径视角[J].科技管理研究, 2011,3(14):15-18.

[106]何勇,赵林度,何炬,等.供应链协同创新管理模式研究[J].管理科学,2007(5):9-13.

[107]CHAPMAN R L,CORSO M. From continuous improvement to collaborative innovation: the next challenge in supply chain management[J]. Production Planning & Control, 2005, 16(4): 339-344.

[108]SWINK M. Building collaborative innovation capability[J]. Research-technology Management, 2006,2(49):37-47.

[109]FAWCETT S E,JONES S L,FAWCETT A M. Supply chain trust: the catalyst for collaborative innovation[J]. Business Horizons,2012,55(2):163-178.

[110]BONACCORSI A,PICCALUGADU A. A theoretical framework for the evaluation of university-industry relationship[J]. R&D Management,1994,3(24):229-247.

[111]LOU G X,ZENG S X,TAM C M. Cost-reducing innovation collaboration in supply chain management[C]//International Conference on Wireless Communications, Networking and Mobile Computing,2007:4934-4937.

[112]张巍,张旭梅,肖剑.供应链企业间的协同创新及收益分配研究[J].研究与发展管理, 2008,20(4):81-88.

[113]JIN M,ZHANG X. Analysis and assessment on risks of enterprise-customer collaborative innovation[C]//International Conference on Management and Service Science,2009:453-457.

[114]张钢,罗军.组织网络化研究评述[J].科学管理研究,2003(1):60-64.

[115]党兴华,黄继勇.技术创新网络的形成机理与组织结构研究[J].经济管理,2004(20): 43-48.

[116]ZAHEER A, GEOFFREY B. Benefiting from network position: firm capabilities, structural

holes,and performance[J]. Strategic Management Journal,2005,26(9):809-825.

[117]PARUCHURI S. Intraorganizational networks, interorganizational networks, and the impact of central inventors: a longitudinal study of pharmaceutical firms[J]. Organization Science,2010, 21(1):63-80.

[118]PHELPS C C. A longitudinal study of the influence of alliance network structure and composition on firm exploratory innovation [J]. Academy of Management Journal, 2010, 53 (4): 890-898.

[119]THORELLI H. Network: between markets and hierarehies[J]. Strategic Management Journal, 1986,1(7):37-51.

[120]FREEMAN C. Networks of innovators: a synthesis of research issues[J]. Research Policy, 1991,5(20):499-514.

[121]刘军. 社会网络分析导论[M]. 北京:社会科学文献出版社,2004:21-27.

[122]王晓娟. 知识网络与集群企业创新绩效——浙江黄岩模具产业集群的实证研究[J]. 科学学研究,2008(4):874-879.

[123]DHANARAJ C,PARKHE A. Orchestrating innovation networks[J]. Academy of Management Review,2006,3(31):659-669.

[124]MIZUTANI F,TAKUYA U. Identifying network density and scale economies for Japanese water supply organizations[J]. Papers in Regional Science,2001,80(2):211-230.

[125]TSAI W. Knowledge transfer in intraorganizational networks: effects of network position and absorptive capacity on business unit innovation and performance[J]. The Academy of Management Journal,2001,44(5):996-1004.

[126]BOSCHMA R,FRENKEN K. The spatial evolution of innovation networks:a proximity perspective[J]. Handbook of Evolutionary Economic Geography,2010,3(12):120-135.

[127]KüHNE B,GELLYNCK X,WEAVER R D. The influence of relationship quality on the innovation capacity in traditional food chains[J]. Supply Chain Management:An International Journal,2013,18(1):52-65.

[128]PROVAN K G,BEAGLES J E,MERCKEN L,et al. Awareness of evidence-based practices by organizations in a publicly funded smoking cessation network[J]. Journal of Public Administration Research and Theory,2013,23(1):133-153.

[129]谢洪明,王现彪,吴溯,等. 集群、网络与IJVs的创新研究[J]. 科研管理,2008(6):23-29.

[130]BORGATTI S P,FOSTER P C. The network paradigm in organizational research: a review and

typology[J]. Journal of Management,2003,29(6):991-1013.

[131]HOSSAIN L,ANDRE W. Communications network centrality correlates to organisational coordination[J]. International Journal of Project Management,2009,27(8):795-811.

[132]CHINOWSKY P,TAYLOR J E,MARCO M K. Project network interdependency alignment: new approach to assessing project effectiveness[J]. Journal of Management in Engineering,2011,27(3):170-178.

[133]DAMANPOUR F,EVAN W M. Organizational innovation and performance: the problem of 'organizational lag'[J]. Administrative Science Quarterly,1984,5(32):392-409.

[134]DEWAR R D,DUTTON J E. The adoption of radical and incremental innovations: an empirical analysis[J]. Management Science,1986,32(11):1422-1433.

[135]DUNCAN R B. The ambidextrous organization: designing dual structures for innovation[J]. The Management of Organization,1976(1):167-188.

[136]OECD. The measurement of scientific and technological activities,Oslo manual: guidelines for collecting and interpreting innovation data[M]. Paris: OECD EUROSTAT,2005:47-52.

[137]DAMANPOUR F,GOPALAKRISHNAN S. Theories of organizational structure and innovation adoption: the role of environmental change[J]. Journal of Engineering and Technology Management,1998,15(1):1-24.

[138]FREEMAN C. The economics of industrial innovation[M]. Cambridge, Mass: MIT Press,1989:21-32.

[139]Civil Engineering Research Foundation. A nation-wide survey of civil engineering-related R&D[M]. Washington,USA: American Society of Civil Engineers,1993:23-25.

[140]CRISP. Creating climate of innovation in construction[J]. Construction Research and Innovation,1997,3(21):121-129.

[141]MOTTAWA I A, PRICE A D F,SHER W. The introduction and management of innovative construction processes and products[D]. Reading:University of Reading,1998:672-682.

[142]ROGERS E. Diffusion of innovations[M]. New York: Free Press,1995:551.

[143]GANN D M,WANG Y,HAWKINS R. Do regulations encourage innovation? —the case of energy efficiency in housing[J]. Building Research & Information,1998,26(5):280-296.

[144]童亮,陈劲. 基于复杂产品系统创新的知识管理机制研究[J]. 研究与发展管理,2005,17(4):46-71.

[145]WINCH G. Zephyrs of creative destruction: understanding the management of innovation in

construction[J]. Building Research & Information,1998,26(5):268-279.

[146]曾健,张一方. 社会协同学[M]. 北京:科学出版社,2000:32-41.

[147] HAKEN H. Synergistics:an introduction[M]. Berlin:Springer-Verlag Berlin Heidelberg,
1977:38-54.

[148]PORTER M E. Competitive advantage[M]. New York:The Free Press,1985:38-47.

[149]MICHAEL G,ANDREW C. Desperately seeking synergy[J]. Harvard Business Review,1998,5
(76):131-143.

[150] ITAMI H. Mobilizing invisible assets[M]. Cambridge,MA:Harvard University Press,
1987:196.

[151]BUZZEL R D,GALE B T. The PIMS principles:linking strategy to performance[M]. New
York:The Free Press,1987:23-46.

[152]KAHN K B. Interdepartmental integration:a definition with implications for product develop-
ment performance[J]. Journal of Product Innovation Management,1996,2(13):137-151.

[153]BENDERSKY C. Organizational dispute resolution systems:a complementarities model[J]. A-
cademy of Management Review,2003,4(28):643-656.

[154]GITTELL J H,WEISS L. Coordination networks within and across organizations:a multi-level
framework[J]. Journal of Management Studies,2004,41(1):127-153.

[155]TANRIVERDI H,VENKATRAMAN N. Knowledge relatedness and the performance of multi-
business firms[J]. Strategic Management Journal,2005,2(26):97-119.

[156]DEGENNE A,WELLMAN B,BERKOWITZ S D. Social structures:a network approach[M].
cambridge UK:Cambridge University Press,1988.

[157]边燕杰. 社会网络与地位获得[M]. 北京:社会科学文献出版社,2012:46-59.

[158]VALENTE T. Network models of the diffusion of innovations[J]. Computational and Mathemati-
cal Organization Theory,1996,2(2):132-139.

[159]郭世泽,陆哲明. 复杂网络基础理论[M]. 北京:科学出版社,2012:40-78.

[160]LORENZONI G,LIPPARINI A. The leveraging of inter-firm relationships as a distinctive organ-
izational capability:a longitudinal study[J]. Strategic Management Journal,1999,4(20):
317-338.

[161]苗东升. 系统科学精要[M]. 北京:中国人民大学出版社,2010:15-17.

[162]DAVIS J P,EISENHARDT K M. Rotating leadership and collaborative innovation:recombina-
tion processes in symbiotic relationships[J]. Administrative Science Quarterly,2011,56(2):

159-201.

[163] ATUAHENE-GIMA K, EVANGELISTA F. Cross-functional influence in new product development: an exploratory study of marketing and R... D perspectives[J]. Management Science, 2000, 46(10):1269-1284.

[164] GULATI R, MARTIN G. Where do interorganizational networks come from? [J]. The American Journal of Sociology, 1999, 104(5):1439-1493.

[165] 钱学森, 于景元, 戴汝为. 一个科学新领域——开放的复杂巨系统及其方法论[J]. 自然杂志, 1990, 13(1):3-10.

[166] 魏宏森. 系统论-系统科学哲学[M]. 北京:清华大学出版社, 2009:23-34.

[167] HOBDAY M. The project-based organisation: an ideal form for managing complex products and systems? [J]. Research Policy, 2000, 29(7):871-893.

[168] MILLER R. Innovation in complex systems industries: the case of flight simulation[J]. Industrial and Corporate Change, 1995, 4(2):363-400.

[169] RUTTEN M E J, DORéE A G, HALMAN J I M. Innovation and interorganizational cooperation: a synthesis of literature[J]. Construction Innovation, 2009, 9(3):285-297.

[170] ANITA M M L, ISABELLE Y S C. Understanding the interplay of organizational climate and leadership in construction innovation[J]. Journal of Management in Engineering, 2017, 25(2):105-123.

[171] 童亮, 陈劲. 集知创新企业复杂产品系统创新之路[M]. 北京:知识产权出版社, 2004:21-32.

[172] 孙国强. 关系、互动与协同:网络组织的治理逻辑[J]. 中国工业经济, 2003(11):14-20.

[173] JOHANSON J, MATTSSON L G. Interorganizational relations in industrial systems: a network approach compared with the trnsaction-cost approach, in Bengt Johannission, eds. [J]. International Studies of Management & Organization, 1987, 2(3):34-48.

[174] GRANOVETTER M S. The strength of weak ties[J]. The American Journal of Sociology, 1973, 78(6):1360-1380.

[175] BIAN Y J. Bring strong ties back in: indirect ties, network bridges and job searehes in China [J]. American Sociological Review, 1997(62):266-285.

[176] HANSEN M T. The search-transfer problem: the role of weak ties in sharing knowledge across organization subunits[J]. Administrative Science Quarterly, 1999, 44(1):82-89.

[177] ROONEY D, MANDEVILLE T, KASTELLE T. Abstract knowledge and reified financial innova-

tion：building wisdom and ethics into financial innovation networks［J］. Journal of Business Ethics,2013,118(3):447-459.

[178]杨晶晶,杜漪.供应链网络组织的界面管理研究[J].软科学,2008,22(6):63-67.

[179]BLOCK Z,OSCAR O. Compensating corporate venture managers［J］. Journal of Business Venturing,1987,2(1):41-51.

[180]李金华,孙东川.创新网络的演化模型[J].科学学研究,2006,24(1):135-140.

[181]FREEMAN C. Networks of innovators：a synthesis of research issues［J］. Research Policy, 1992,3(12):93-120.

[182]BARABÁSI A,ALBERT R. Emergence of scaling in random networks［J］. Science,1999,5439 (286):509-512.

[183]林聚任.社会网络分析[M].北京:北京师范大学出版社,2009:32-47.

[184]VAN DUIJN M A,VERMUNT J K. What is special about social network analysis? ［J］. Methodology：European Journal of Research Methods for the Behavioral and Social Sciences,2006,2 (1):2-6.

[185]KLOVDAHL A S. Social networks and the spread of infectious diseases：the AIDS example ［J］. Social Science & Medicine,1985,11(21):1203-1216.

[186]ABRAHAMSON E,LORI R. Social network effects on the extent of innovation diffusion：a computer simulation［J］. Organization Science,1997,8(3):289-309.

[187]HOSSAIN L. Effect of organisational position and network centrality on project coordination ［J］. International Journal of Project Management,2009,27(7):680-689.

[188]LAW G D. Network project management visualizing collective knowledge to better understand and model a project-portfolio［D］. Canberra：University of Canberra,2010.

[189]HAYTHORNTHWAITE C,BARRY W. Work,friendship,and media use for information exchange in a networked organization［J］. Journal of the American Society for Information Science,1998,49(12):1101-1109.

[190]乐云,崇丹,李永奎.城市基础设施建设项目群组织网络关系治理研究———一种网络组织的视角[J].软科学,2012,26(2):13-19.

[191]WU L. Social network effects on productivity and job security：evidence from the adoption of a social networking tool［J］. Information Systems Research,2013,24(1):30-51.

[192]LAUMANN E,MARSDEN P,PRENSKY D. The boundary specification problem in network analysis［M］. Canada：Beverly Hills,1983:18-34.

[193]罗家德.社会网络分析讲义[M].北京:社会科学文献出版社,2005.

[194]WANG C,RODAN S,FRUIN M. Knowledge networks,collaboration networks,and exploratory innovation[J]. Academy of Management Journal,2014,57(2):484-514.

[195]GRANOVETTER M. Economic action,social structure,and embeddedness[J]. American Journal of Sociology,1985,91(1985):481-510.

[196]RITTER T,GEMUNDEN H G. Network competence:its impact on innovation success and its antecedents[J]. Journal of Business Research,2003(56):745-755.

[197]BURT R S,RONCHI D. Measuring a large network quickly[J]. Social Networks,1994,16(2):91-135.

[198]BURT R S. Structural Holes:The social structure of competition[M]. Cambridge:Harvard University Press,1995.

[199]王凤彬,朱超威.社会网络与组织[M].北京:中国人民大学出版社,2007:12-32.

[200]王志平,王众托.超网络理论及其应用[M].北京:科学出版社,2008:33-41.

[201]PRYKE S D. Analysing construction project coalitions:exploring the application of social network analysis[J]. Construction Management and Economics,2004,22(8):787-797.

[202]SHANNON C E. A mathematical theory of communication[J]. Bell System Technical Journal,1948,3(27):379-423.

[203]路紫,王文婷.社会性网络服务社区中人际节点空间分布特征及地缘因素分析[J].地理科学,2011(11):1293-1300.

[204]林红,李军.基于信息熵的居民出行空间分布变化研究[J].交通运输系统工程与信息,2007(5):110-114.

[205]MIZRUCHI M S. Social network analysis:recent achievements and current controversies[J]. Acta Sociologica,1994,37(4):329-343.

[206]FREEMAN L C. Centrality in social networks:conceptual clarification[J]. Social Networks,1979(1):215-239.

[207]BURT R S. Toward a structural theory of action[M]. New York:Academic Press,1982:23-35.

[208]COLEMAN J S. The mathematics of collective action[M]. Chicago:Aldine,1973:13-21.

[209]PARK H,HAN S H,ROJAS E M,et al. Social network analysis of collaborative ventures for overseas construction projects[J]. Journal of Construction Engineering and Management,2011,137(5):344-355.

[210]MARSDEN P V. Egocentric and sociocentric measures of network centrality[J]. Social Net-

works,2002,24(4):407-422.

[211]DE NOOY W,MRVAR A,BATAGELI V. Exploratory social network analysis with pajek[M]. Cambridge：Cambridge University Press,2005:38-45.

[212]WALTER A,MICHAEL A. The impact of network capabilities and entrepreneurial orientation on university spin-off performance[J]. Journal of Business Venturing,2006,21(4):541-567.

[213]GREENBERG J S. Relationships in old age：coping with the challenge of transition[M]. Minneapolis：National Council on Family Relations,1995:220-227.

[214]GOLICIC S L,MENTZER J T. Exploring the drivers of international relationship magnitude [J]. Journal of Business Logistics,2005,2(26):47-71.

[215]DYER J H,SINGH H. The relational view：cooperative strategy and sources of inter-organizational competitive advantage[J]. Academy of Management Review,1998,4(23):660-679.

[216]ALLEN T J. Roles in technical communication networks[J]. Communications among Scientists and Engineers,1970,1(3):212-218.

[217]ALDRICH H,HERKER D. Boundary spanning roles and organization structure[J]. Academy of Management Review,1977,2(2):217-230.

[218]HAWE P,WEBSTER C,SHIELL A. A glossary of terms for navigating the field of social network analysis[J]. Journal of Epidemiology and Community Health,2004,58(12):971-975.

[219]FRIEDKIN N. The development of structure in random networks：an analysis of the effects of increasing network density on five measures of structure[J]. Social Networks,1981(3):41-52.

[220]WASSERMAN S,KATHERINE F. Social network analysis：methods and applications[M]. Cam bridge：Cambridge University Press,1994:825.

[221]KILLWORTH P D,JOHNSEN E C,BERNARD H R,et al. Estimating the size of personal networks[J]. Social Networks,1990,12(4):289-312.

[222]REAGANS R,BILL M. Network structure and knowledge transfer：the effects of cohesion and range[J]. Administrative Science Quarterly,2003,48(2):240-267.

[223]BANERJEE A V. A simple model of herd behavior[J]. The Quarterly Journal of Economics, 1992,107(3):797-817.

[224]BIKHCHANDANI S,HIRSHLEIFER D. A theory of fads,fashion,custom and cultural change as information cascades[J]. Journal of Political Economy,1992(100):992-1026.

[225]WELCH I. Sequential sales,learning and cascades [J]. Journal of Finance, 1992 (47): 695-732.

[226] RYAN B, GROWSS N. The diffusion of hybrid seed corn in two Iowa communities [J]. Rural Sociology, 1943(8):15-24.

[227] COLEMAN J, MENZEL H, KATZ E. Medical innovations: a diffusion study [M]. Indianapolis: The Bobbs-Merrill Company, 1966.

[228] GRANOVETTER M S. Threshold models of collective behavior [J]. American Journal of Sociology, 1978, 83(6):1420-1443.

[229] GOLDENBERG J, MULLER L E. Talk of the network: a complex systems look at the underlying process of word-of-mouth [J]. Marketing Letters, 2001, 12(3):211-223.

[230] STROGATZ S H. Exploring complex networks [J]. Nature, 2001, 410(6825):268-276.

[231] MCAULEY J J, FONTOURA C L, CAETANO T S. Rich-club phenomenon across complex network hierarchies [J]. Applied Physics Letters, 2007(91):084103.

[232] MONDRAGÓN R J, ZHOU S. Random networks with given rich-club coefficient [J]. The European Physical Journal B, 2012, 85(9):1-6.

[233] VEUGELERS R, CASSIMAN B. Make and buy in innovation strategies: evidence from belgian manufacturing firms [J]. Research Policy, 1999(28):63-80.

[234] WATTS D J, STROGATZ H S. Collective dynamics of 'small-world' networks [J]. Nature, 1998, 6684(393):440-442.

[235] 陈学光. 网络能力,创新网络及创新绩效关系研究 [D]. 杭州:浙江大学,2007.

[236] 徐巧玲. 知识管理能力对企业技术创新绩效的影响 [J]. 科技进步与对策,2013,30(2):84-87.